那些
让我们深信不疑的
太空伪科学

著 [美]鲍勃·金

译 青年天文教师连线

URBAN LEGENDS
FROM SPACE

人民日报出版社
北京

图书在版编目(CIP)数据

那些让我们深信不疑的太空伪科学 / (美) 鲍勃·金著；青
年天文教师连线译. — 北京：人民日报出版社, 2021.1(2023.5 重印)

ISBN 978-7-5115-6612-6

Ⅰ.①那… Ⅱ.①鲍… ②青… Ⅲ.①宇宙–普及读物 Ⅳ.
①P159–49

中国版本图书馆 CIP 数据核字(2020)第 208054 号

著作权合同登记号 图字：01-2020-6174

URBAN LEGENDS FROM SPACE

Text Copyright © 2019 by Bob King

Published by arrangement with Page Street Publishing Co. All rights reserved.

书　　名：那些让我们深信不疑的太空伪科学
　　　　　NAXIE RANG WOMEN SHENXIN BUYI DE TAIKONG WEIKEXUE
著　　者：[美]鲍勃·金
译　　者：青年天文教师连线

出 版 人：刘华新
责任编辑：翟福军　苏国友
出版发行：**人民日报**出版社
社　　址：北京金台西路 2 号
邮政编码：100733
发行热线：(010) 65369509　65369512　65363531　65363528
邮购热线：(010) 65369530　65363527
网　　址：www.peopledailypress.com
经　　销：新华书店
印　　刷：唐山富达印务有限公司

开　　本：787mm×1092mm　1/16
字　　数：212 千字
印　　张：16.5
版次印次：2021 年 1 月第 1 版　2023 年 5 月第 1 版第 2 次印刷

书　　号：ISBN 978-7-5115-6612-6
定　　价：49.00 元

如发现编校差错或印装问题,请拨打售后服务电话 010-82838515

向世界各地寻求真相并分享真相的记者们致敬

前言

美国人是否成功登月？地球是平的吗？你能相信我们还在问自己这些常识性问题吗？如果你有时对在互联网上阅读到的内容感到困惑，这说明你并不孤单。在网络时代，触手可及的科学类信息比以往任何时候都多，但区分事实和谣言并不总是一件容易的事。借助社交媒体，有关太空主题的错误信息的传播速度似乎比光速还快。这使得人们很难知道该相信什么，不该相信什么。很多事情听起来似乎是真的，但是经不起仔细推敲。

在本书中，我将介绍一些常见的误解、错误的科学知识和荒诞的说法。在这个过程中，我们将探索我喜爱的天文学的方方面面。我的目的并不是指责那些制造伪科学的人，而是要阐明我的见解，让事实说明一切。我希望你能从中学到有用的知识，从而在现实生活和工作中区分事实与谣言。我们的后代能否正确认识这些科学事实和常识，取决于我们现在对科学的认知程度。我希望这本书能够对教育与探索之路有所启发。

透过现象看本质的核心要点是拥有观察能力，这样你才能成为周围世界的敏锐观察者。作为人类，我们都应该拥有这项能力。通过关注自然现象和聆听内心的疑问，我们可以轻松地解释一些人为制造的"科学谜团"，比如天空中是否存在第二个太阳、飞机尾迹是否为化学凝结尾等。如果不曾对类似的现象进行研究，那我们也不可能实现当下的工业化，你也不可能买到汽车、手机等高科技民用产品。

科学方法

如何确定一个事实？几个世纪以来，科学方法在了解自然现象方面为我们提供了很好的帮助。它看似简单，但也带来了让无数人受益的重大发现。简述如下：

1. 进行观察。

2. 提出问题。

3. 提出假设。

4. 进行预测。

5. 通过实验测试预测。

6. 检查假设是否正确，如果不正确，请提出一个新的假设，并设计另一个实验。

如果你的实验结果与假设吻合，那么你就需要考虑与其他科学家共享数据，以便他们能够重复你的实验，并检查你的结论与实验条件是否相符。如果他们证实了你的假设，那意味着你可能已经取得了一个重大发现。但是，如果没有人能够重现你的实验结论，那么意味着你可能要推倒重来了。可重复性是科学方法中重要的方面之一，任何人都可以提出自己的主张，但是如果没有其他人可以复制这个实验，那么你的新想法不太可能会被认真对待。

通过使用科学的方法探索未知世界，科学家的研究领域从病毒扩展到了宇宙中的星系，这极大地增加了我们对世界的了解。实际上，科学为我们带来了挽救生命的药物（这大大减少了疾病的发生），也可以帮助我们找到最近的冰激凌店（利用全球定位系统）。

就像你在购买汽车的时候，可以通过对比不同车型的特点来了解汽车的性能,也可以进行一次或者多次试驾进一步掌握汽车的特点。许多人还会咨询专家并进行线上搜索,根据一些数据对比,做出购买的最佳选择。本书鼓励你对网络上越来越多的可疑言论、虚假声明同样进行审查。

科学方法一直是人类最有用的工具之一,其核心就是好奇心,这是我们与生俱来的特质,然后通过收集各种证据得出结论。因此,当听到所谓的彗星新理论或者"地球是平的"这种说法的时候,基于礼节,我希望他们能够使用科学的方法来验证和确认观测到的现象是不是真实的。涉及物理学和天文学方面时,我们也应该期望通过数学工具来支持观测和建立计算机模型。最后,我们也可以将成果发表在可供同行评议的期刊上,以便共享和验证。

如果有人跳过这些步骤中的任何一个环节,我会立即表示怀疑,你也应该有这样的怀疑精神。如果新的提议与公认的科学事实背道而驰,比如"地球是平的"或者"恒星依靠电力运行",我会更加怀疑。有时候我们会被带有偏见的解释所迷惑,我们可能只是感觉它是正确的。这归结于我们人类的叛逆本能。尽管有些观点是可以理解的,但并不能证明那些伪科学的观点是对的,也不能代替还不完善的科学事实。

科学本身具有高标准性,一些想要成为科学家的人会因此感到沮丧。科学家不一定会在转瞬之间改变主意。即使有时证据非常明显,许多人也会保持沉默,甚至誓死捍卫原来的想法。这也是可以理解的,传统科学对激进的新观点往往持有怀疑态度,事实也是如此。如果实验者想要推翻过去的观点,就需要给出坚实的证据和新的假设。如果数据良好,有说服力,可以做出准确的预测,并且能重复再现,那么这个新观点最终会取代传统观点。我们需要以这种方式循序渐进,让科学在不断变化中有序发展。

某些人的新理论并没有经过严格论证,但也有可能存在追随者,只不过缺乏事实依据。也就是说,科学具有局限性。一方面,这些待验证的理论没有最终答案,所有的解释都是暂时的。我们虽然可以理解这样的局面,但也感到相当麻烦。我们多数人都喜欢一个确定的答案，非对即错，但科学是一个微妙的刀片，永远可以在洋葱中找到另外一层。发现新事物既会带来喜悦，又会带来沮丧，因为这些新的理论扰乱了当前的秩序，科学的不断发展挑战了我们看待世界的方式。我喜欢将其视为一种清除我们头脑中的蜘蛛网的方式！

曾经被认为是事实的观点，比如"太空中有一种叫作以太的介质，光可以通过它传播"，最终被证明是不存在的，而且也没有存在的必要。我敢肯定，以太理论被证实是错误的之后，一些科学家肯定疯了。取而代之的是，我们对光的行为有了更好的解释。

科学建立在前人发现的基础上，爱因斯坦的相对论取代了牛顿的万有引力定律，因为相对论为万有引力概念提供了更全面的解释；但并非说牛顿运动定律是错误的，它只是在某些情况下不成立，爱因斯坦的理论也是这样的。时至今日，科学家在谈论远低于光速运行的物体时，仍然使用牛顿运动定律。由于大多数现象都发生在远低于光速的情况下，因此牛顿运动定律仍然会存在很长的时间。

尽管科学有其局限性，但据我所知，科学的方法和观点是唯一能让我们摆脱几乎任何困境，并为似乎无法解释的自然现象提供看似合理的解释。科学建立了新模式，将事物以我们从未想象过的方式连接在一起。你知道吗？森林里的树木会用根部的真菌作为生物版的互联网来"交谈"。

变成一个优秀的观察者

有些人是优秀的野生动物观察者，还有一些人则会注意到树叶或者穿衣上的小细节。我的特长是观察天空，我对所有自然现象都着迷。我发现，我对大自然某些方面的关注越密切，大自然能揭示的信息也就越多。小时候，我喜欢看云，直到今天也是如此。现在，我可以区分不同类型的云，欣赏罕见的云的形成，甚至可以根据云的形态判断天气。熟悉周围环境不仅能与自然世界建立联系，还会激发我们的好奇心。好奇心引出问题，从而引发进一步的研究，并且加深我们对问题的认识，有时候还会带来全新的发现。

我想起了加拿大的艾伯塔极光追逐者（Alberta Aurora Chasers）组织，2016年，其成员帮助确定了一个罕见的类极光特征——"强热发射速度增强"（Strong Thermal Emission Velocity Enhancement，STEVE），该现象鲜为人知。该小组成员拍摄了蛇形光的照片，引起了研究该现象的科学家的注意，并发现这种现象是独特的，与北极光无关。

我曾经以为山雀只有一种叫声，是那种活泼的叽叽咕咕的叫声，但通过更加专注的倾听，我意识到自己错了。科学家发现山雀有至少15种不同的发声方式。我们将观察与知识结合后发现，连最普通的事物也成了奇迹的源头。阴影、甲虫、月光、泥土……你能想到宇宙的起源，其实就像是用微波炉爆爆米花一样吗？

我相信我们天生具有注意环境的能力，无论你发现世界上有什么吸引你的东西，请将自己的注意力投入其中。研究事物除能带来乐趣外，你知道得越多，就越不会被无意或有意的错误信息干扰，也就不会将自然事件误认为是不明飞行物、化学尾迹、两个太阳、天空大火或是会与地球相撞的行星。加拿大宇航员克里斯·哈德菲尔德（Chris Hadfield）有句名言："知道得越多，恐惧就越少。"

如何使用网络验证信息

为了帮助你寻求答案，你可以将以下几个站点添加为书签，以验证事物的真相或为可能遇到的其他问题寻找更好的答案。愿你的好奇心带领你迈向个人发现！

要查找或检查事实，你需要可靠的消息来源。这些网站会对你有所帮助：

·Khan Academy, the scientific method（https://bit.ly/2Q8j9z2）：科学实际的方法。

·Snopes.com：出色的揭秘网站。进行主题搜索、查阅档案或提交自己的问题。

·Ask an Astronomer（curious.astro.cornell.edu）：可询问专家，获得从入门到高级的所有天文学信息，也可提交你自己的问题。

·RationalWiki（rationalwiki.org/wiki/pseudoscience）：批判和挑战伪科学和反科学的主张。

·MediaWise/Poynter Institute（poynter.org/mediawise）：该网站旨在帮助青少年辨别事实和谣言。

你希望成为公民科学家，并为认识宇宙做出贡献吗？浏览Zooniverse（zooniverse.org）并直接进入吧。

目 录

地 球

月　球　

行星、彗星和小行星

太阳、恒星与空间

地球 ·

早在数千年前,我们的祖先就已经证明了地球不是平的,但仍有一些人试图让你相信这都是阴谋。所以,让我们再花一些时间来解释一下为什么地球不是平的。最令人满意和信服的方法当然是用火箭把每个人都送入太空,让他们亲眼看看地球是什么样子的。不过这种方法现阶段无法操作,因为火箭发射的成本极高,但在未来的某一天它可能会被采用,所以现在让我们用其他方法来证明地球不是平的。

　　古希腊人很早就知道地球是一个球体,并且只用眼睛就证明了这个事实。你也可以通过这个方法证明地球是球形的。在公元前350年,亚里士多德在观测月食现象后得出"地球是球形的"的结论。他发现在月食发生的过程中,阴影部分的轮廓一直是弧形的。而且,由于地球的介入(运行到太阳和月球之间)形成了月食,所以这条弧线其实反映的是地球的形状,因此可以得出地球是球形的结论。

　　即使你从未见过月食,也可以在网络上查阅月食的相关图片和视频。你会看到月面不断被地影吞下,地影的边缘呈弧形。但是,圆盘形状的冰球难道不会投下边缘呈弧形的阴影吗?当然是会的!因此,那些相信地球表面是扁平状的人也可能是对的，不过持有这种观点的人认为地球是水平的，而不是倾斜的。从严格意义上说，我们不能通过月食时地球从一个地方投下的阴影来证明地球是球形的。但自从我们进入太空时代以来，宇航员和卫星从轨道上拍摄的成千上万张照片为我们提供了有用的信息，我们可以看到自己生活在一个没有狭窄边缘（像冰球那样的边缘）的地球上，当然也不是地平说协会（Flat Earth Society）所设想的比萨饼状地球。如果地球是比萨饼状的，那么它的另一面到底是什么呢？

还有很多线索可以表明我们生活在一个球体上。在一个匀质的球状行星上，万有引力在任何地方都是一样的，因为球体会将它的各个部分"拉"向它的中心。在一个扁平的地球上，"平面"的中心会比四周受到更大的"拉"力，所以你的体重在中心时会比在边缘时重得多。这意味着，如果一个人从北极（扁平地球的中心）出发，一直向南走到南极（扁平地球的外环），在这个过程中，他的体重会逐渐减轻。显然没有证据表明这个现象是存在的。

更重要的是，如果我们生活在一个扁平的地球上，那么太阳将永远高高挂在天空中，夜晚是不会出现的。倡导地平说的人通过宣称像薄饼一样的地球位于太阳系的中心，而太阳则像聚光灯一样照射在地球上，一次仅照亮部分地表（见第7页图）来回避这个问题。其中至少有两个问题：一是太阳位于太阳系的中心，而不是地球，这一事实在很久以前就得到了证明；二是太阳不会像聚光灯一样只照射很小的区域，因为它是一个球体，光从它表面的每一个位置发出，中间没有遮阳板或者百叶窗让光线一次只照射地球的一部分。

事实上，太阳光照射在地球的一个半球上，而背对太阳的那一面则是黑夜。随着地球的自转，曾经在黑暗中的那一部分会面向太阳，迎来白昼；而之前的向阳的那一面会背向太阳，回到夜晚。地球的自转使太阳有了日出日落，看上去像是在天空中移动。地球和太阳的运行机制就是这么简单！

太阳与地球的距离为9,300万英里，相当于1.5亿千米。与地球的直径相比，这是一个非常远的距离。所以如果是在扁平的地球上，由于视差的缘故,无论你站在哪里,太阳几乎都会出现在天空中的同一位置。

视差是指从两个不同的角度观测时,看到的被观测物体位置的明显偏移。这很容易理解,你把食指举起来放在眼睛前面几厘米的位置,然后交替睁开或闭上你的左右眼。可以试着操作一下。根据睁开的眼睛的不同,你的手指会从一边跳到另一边。这是一个很大的视差,因为相对于两眼之间的距离,你的手离眼睛更近一点。但如果你把手指与眼睛的距离延伸到一臂之长,大约是你瞳孔间距的12倍,手指的位移就会小得多。接下来,你可以想象一下将手指头换成距离你10英里(约16千米)远的山顶。不论你如何眨眼,这座山都不会出现明显的位移,这是因为山顶与你眼睛的距离远远大于你的瞳孔间距。

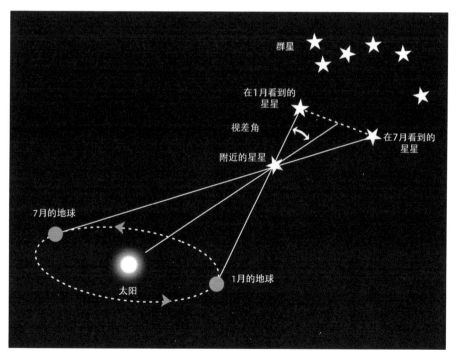

▲　我们可以通过测量位移来判断天体的远近,以两个相距很远的观测点为参考背景。如果位移或视差很小,就像太阳那样,那么该天体距离我们就很远。(繁星之夜教育[Starry Night Education])

但是,若你能把两眼之间的距离增加到几千米,那你就会看到山顶发生了位移。假如你能把两眼之间的距离扩大到7,926英里(约12,756千米),这相当于地球的直径值，那么是否可以判断地球是圆的还是扁平的呢？难道我们不能看到太阳的位置有明显的变化吗？答案是否定的。这是因为太阳离地球有数百万英里远，从扁平地球的一边到另一边的距离相对而言非常短，以至于人类的肉眼无法分辨太阳的位置是否发生了变化。也就是说，无论你站在扁平地球上的哪个地方，在什么时间——比如正午，看到的太阳几乎都在天空中的同一个地方。换句话说，如果地球是扁平的，那么地球上的每个地方都是正午。在扁平地球上，如果非要让太阳出现在天空的不同地方，那就必须有一个恐怖的视差值，这意味着地球将非常靠近太阳，地球将很快被汽化。

如果宇宙中只有地球是平的，会让人非常难过。你是否曾通过望远镜观测过其他行星？比如水星是一个小型球体，木星则是一个大型球体。它们都有足够大的质量，以至于能够通过引力将自己塑造成一个球体。这也是物理定律在起作用。小天体有很多种外形，因为它们的质量产生的引力不足以将自己压缩成一个球体，但大质量天体却能够利用自身引力塑造自己的外形。我们不妨看看，只有地球四分之一大小的月球都是一个球体，那么地球显然也是。

过去的人们虽然发现月球也是圆球状的，但是考虑到地球的特殊性，以及地心说的干扰，很容易将地球与其他行星区分开，认为我们所在的行星是独一无二的。毕竟，这是目前我们知道的唯一拥有生命的星球。但是无论是否存在生命，地球都无法逃脱物理定律的约束。地球并没有那么与众不同。

在陆地上，我们可以通过其他方式来验证我们的地球是不是球形的。如果你在海边或者在一个巨大的湖泊边上，就会发现你只能看到远处船只的顶部，船体部分暂时看不到。这是因为地球的弧度使得它们的下半部分被遮挡住了。当船只慢慢驶入港口，我们就逐渐看到了船体。如果地球是平的，那么一艘远处的船就会显得非常非常小，但是船的整个轮廓总是可见的。认为地球是扁平的人还有一种观点：从正在高空中飞行的飞机上朝下看，地球看起来是平的。他们的观点部分正确，因为虽然在理想的情况下，在一架正在横贯大陆的喷气式飞机的高度有可能会看到地球曲率的迹象，但在空间站上可以很清楚地看到。

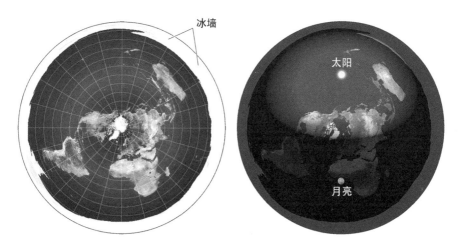

冰墙

太阳

月亮

▲　在地平说的模型中，地球是比萨饼形状的平面，四周是冰墙。太阳和月亮是像聚光灯一样的光源，围绕着位于太阳系中心的地球顺时针运行。(地平说协会)

平常的室内尘螨体长约 0.012 英寸 (约 0.3 毫米)。如果它处于一个沙滩球上，就会觉得沙滩球是平的。如果你用镊子夹起螨虫，并让它保持在沙滩球上方大约 1 英寸 (约 2.5 厘米) 的高度，类似于我们在飞机上看地球，它看到的沙滩球仍然是平的。从以上类比可以看出，我们就像是地球上的尘螨。

请给我 1 分钟的时间，再进行一次漂亮的证明。我在明尼苏达州东北部的家中，看不到天空中第二亮的恒星，即船底座 (Carina) 老人星 (Canopus)。这是因为老人星不在我南方的视线内，看到它的唯一方法是向南行驶，当我抵达阿肯色州小石城的那一刻，老人星才在南方的地平线上出现。如果再继续往南走，老人星就会越来越高，在抵达南美洲时，老人星就会直接在头顶上悬挂着。

如果我们继续向南，并且抵达南极洲，再从南极洲向北回到明尼苏达州，这时候我们就会看到老人星往南方的地平线方向移动，然后在地平线上消失。一旦我们再次回到阿肯色州小石城以北，老人星就彻底掉到地平线下方了。这种行为 (是指星星的行为，而不是我疯狂地开车) 只可能发生在一个球体上。如果地球是一个巨大的平面，那么无论你站在哪里都可以看到老人星，而且无论你站在这个平面的哪个地方，老人星在天空中的高度都是一致的。为什么呢？因为老人星距离我们太远了，大约有310光年，因此与地球的大小相比，不论你在扁平地球上如何移动，都无法改变老人星在天空中的位置。当你在扁平地球上乘坐汽车或者飞机移动时，如果要看到老人星向上或者向下移动，就必须非常靠近老人星，这样才能获得足够大的视差角，但如果是这样的话，地球肯定会被老人星汽化。

关于扁平地球的认知很奇怪，因为这个理论与长期以来公认的事实相悖，而且我们很容易证明自己生活在一个球体上，为什么还要通过别扭的举证来证明它是错的呢？因为人类比较喜欢反其道而行之。在我小时候，父母试图引导我做出正确的选择，但我经常会拒绝一些价值观，并按照自己的方式来处理，也许你和我一样，做出与他人对立的选择是本性的一部分。

在我们还是婴儿的时候，叛逆就开始了，并以各种各样的形式贯穿我们的一生。相信这种叛逆的思想也会渗透到与认同"扁平地球"相似的边缘群体中，我理解成为一个反传统者或反科学者的吸引力。结合"我的观点也很重要"的思维定势，持有相似观点的人往往可以产生共鸣并形成小群体，无论这些观点或者信念是否具有事实依据。

当谈到"扁平地球"的概念时，你可能会说这仅仅是一个想法，相信这些也并没有什么危害。但这种观点是错误的，如果你开始隔绝真正的科学，就可能轻易相信其他任何你"感觉"正确的东西。无知（有时是故意的）和困惑助长了伪科学运动，如果在科学研究中拒绝正确的结果会导致致命的后果。

我们都有权表达自己的观点，但是如果你的观点以事实为依据，那我更愿意相信你，并改变我的观点。尽管我们可能更愿意相信另一种说法，但事实是一种顽固的东西。你可以将事实抛弃，但它们最终会再次让你见识到它们的力量。正如得克萨斯技术大学（Texas Tech University）的气候科学家凯瑟琳·海霍（Katharine Hayhoe）所指出的那样："事实是不需要我们的相信来证明的。"

如果你曾经看到天空中出现一条类似粉笔的长条纹,那就是我们所说的凝结尾迹。如果尾迹依然保持着狭窄且尖锐的形态,并没有扩散开来,那么我们顺着尾迹就可以找到飞机。通常情况下,在高空飞行的喷气式飞机后面都会出现类似的尾迹,特别是进行长途飞行的商用喷气式客机。

在飞机的喷气式发动机的后面,水汽遇上由喷气燃料燃烧时产生的细小烟尘状颗粒时,会与之凝结并产生狭窄的云流。这就是飞机尾迹形成的机制。大部分水汽来自周围的空气,少部分来自飞机的发动机。尾迹通常在约28,000至40,000英尺(约8.5至12千米)的高空形成。那里的温度极低,通常低于 –40°F(–40℃)。这就是为什么制造它们的飞机看起来如此渺小——它们离我们太远了。尾迹存在的时间取决于飞机所在的高度和此时的风向,这两个因素可影响尾迹的状态:迅速消失或徘徊一段时间后扩散成一层薄云。

在现实生活中,我们同样可以看到类似尾迹的现象,例如:在天气寒冷的时候,你可以看见自己呼出的气体;在极冷的天气里,汽车发动时排放出的尾气。出现以上两种情况的原因是充满水蒸气的空气从温度较高的地方进入温度较低的地方,会迅速凝结成雾。

在航空器出现初期，人们就已经注意到飞机尾迹的存在。1915年，一位名叫埃特里希（Ettenreich）的目击者声称自己在意大利阿尔卑斯山脉上空看见了尾迹现象，他将此称为"飞机尾气凝结形成的条状积云"。这是人类首次发现飞机尾迹的存在。在第二次世界大战中，一些执行轰炸任务的飞机也出现了尾迹，这些尾迹甚至阻碍了任务的执行。当几百架轰炸机同时出动时，飞行时产生的尾迹会干扰编队飞行和搜索地面目标。不过尾迹的存在也有有利的一面，分散的多条尾迹为轰炸机提供了掩护。

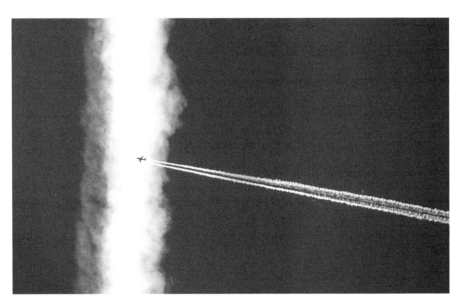

▲　两种凝结尾迹的对比图像：左边是一条已经形成一定时间的尾迹，已出现扩散；右边是高速飞行的喷气机刚产生的尾迹。当发动机排出的水汽在高空与冷空气相遇，凝结成云时就会形成尾迹。（鲍勃·金［Bob King］）

仅在美国，每天的航班就达到了8.7万架次。这也使得大家能经常在天空中看见银色的喷气机及其形成的白色尾迹。由于航班的目的地不同，航线也是不一样的，于是形成的飞机尾迹会交织在一起，并形成不同的图案。出于这个原因，我总是会把我的手机放在随时待命的位置，因为你永远猜测不到下一秒会出现什么意想不到的图案。观测尾迹是一件很令人享受的户外活动，它能帮助你成为更好的观测者。如果你也打算进行户外活动，希望你能对天空中的尾迹多加注意。虽然说尾迹是人为形成的，但在一定程度上它也能揭示当地的大气状态。

如果你拿着双筒望远镜，在合适的距离时可以清楚地看到，飞机的废气从发动机尾喷口排放出来时会产生湍流，使仅手指宽的尾迹内部产生神奇的圆环和旋涡。发动机喷射出的热尾流与尾迹首端的距离大约有100英尺（约30米），说明发动机废气中的水汽在空气中凝结成云滴需要一定的时间。通常情况下，在36,000英尺（约12千米）的高度，大气温度大约为–70℉（约–57℃）。

尾迹基本分为三种：短暂的尾迹、持久但不扩散的尾迹、持久可扩散的尾迹。在空气中水汽含量较低的情况下会形成短暂的尾迹，它看起来像是紧紧追随着飞机的又短又白的线条。尾迹存在的时间如此之短，是因为凝结在废气颗粒上的冰，在干燥的空气中很快就变成了水蒸气。由此我们不难判断，如果我们看到的尾迹像断断续续的短直线，那就说明飞机在飞行过程中遇到了大气中的"干燥区域"。

▲　人们也可以创造出"尾迹"！在寒冷的冬季里，人们呼出的有温度的水汽遇到外部环境中较冷的空气时，就会凝结成蒸汽云。这与尾迹的形成机制十分相似。（阿兰·翁［Alain Wong］/ CC 0 1.0维基百科［Wikimedia］）

如果空气中有大量的水蒸气，就会形成持久但不扩散的尾迹，这种尾迹看起来也像狭窄的条纹。在飞机经过之后，它们还能够在空中维持一段时间。对于持久可扩散的尾迹，其形成也需要大量水蒸气，但是由于温度以及局部风向的作用，会使得此类尾迹能够向外扩散形成卷云。

　　在同一空域上有多架喷气式客机飞过时，其产生的可扩散尾迹可能会合并扩散，使得天空处于阴暗朦胧的状态。如果你所在的地方经常有航班往返，那么你可能早就见过这个场景了。尽管你可能听到过很多关于尾迹的不好的言论，例如"这是政府的秘密实验，尾迹是政府用飞机喷洒的化学药品造成的"等，但事实上尾迹是没有危害的。关于所谓的"化学尾迹有毒"的言论简直是无稽之谈。假设这是真的，但并没有什么目标人群，只是随意进行喷洒，那这样做的目的是什么呢？而且科学家们也没办法完成这个无法控制的实验，更不用说还有几千名飞行员、技术人员要参与其中了。长期以来，我们一直都认为尾迹是人造污染物在自然过程中形成的。

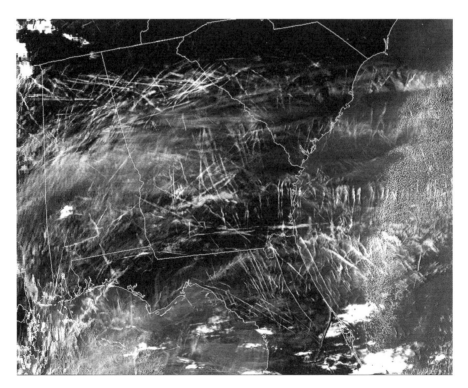

　　▲　　在繁忙的航线上，当大气条件合适时，多架客机产生的凝结尾迹会停留并扩散，覆盖整个天空。（美国国家航空航天局兰利研究中心［NASA Langley Research Center］）

当然，这也不是说我们从来没用飞机喷洒过化学物质。从20世纪40年代后期以来，人类就开始使用碘化银、盐和干冰等进行人工降雨，这些化学物质在水汽凝结的过程中起到凝结核的作用，从而加速云层生成，实现人工降雨。使用化学物质进行人工降雨的结果也是喜忧参半，只有一部分人工降雨增加了降雨和降雪量，有些则没有成功。看来通过喷洒化学物质的方法来改变天气，还得看运气。

有些人对碘化银给人体和环境带来的影响表示高度关注。人体暴露于过量的银中可能会使得皮肤变色，这被称为"银质沉着病"。研究结果显示，这种人工降雨的方法增加了降水中的银含量，但其还是远远低于我们饮用水中银含量的标准值（≤0.05mg/L）的100ppb（1ppb为十亿分之一）。不论你是否认为人工降雨的方式存在问题，我们每天在空中见到的都是商业喷气式客机及其形成的尾迹，并非进行人工降雨的飞机。人工降雨都是在特定的时间、规定的区域内，由专门的设备或者小型飞机来执行的。

那么尾迹还有其他影响吗？关于这个问题，气象学家会告诉你，他们担心尾迹的扩散会使得云量增加，从而影响气候。与云一样，尾迹一方面能对阳光进行反射，并导致大气温度略微下降，另一方面能减少地面热量的散发（起到保温作用），很难说哪种作用的影响力更大。目前，比较合理的假设是，飞机尾迹对全球变暖有轻微影响。

我们有时候会将尾迹和其他现象混淆。我看过一些被称为"火球"（一种很亮的流星）的照片，但那其实只是被日出和日落的阳光照射而变红了的尾迹。你可以从其存在的时长来分辨流星和尾迹，流星只存在几秒钟，而尾迹能存在数分钟。流星只能形成单个条纹，而尾迹通常都有多个平行条纹。如果借助双筒望远镜，我们就很容易区分它们了。

▲　在日出和日落时分出现的短时间尾迹与彗星或流星较为相似,但是它们快速变化的形态很快就会揭示其真实身份。(鲍勃·金)

　　我们还有可能将尾迹和彗星混淆,因为它们看上去有点儿相似,尤其是在飞机距离我们较远,尾迹在视觉上被压缩变小了的情况下。有一次开车的时候,我在西边的天空中看到一颗很亮的白色物体,其类似彗星。因为它的外观非常醒目,于是我停下车来观察它,很快就发现这并不是彗星,而是一架飞机。这架飞机的尾迹距离我较远,在视觉上被压缩变小了,而且被阳光照射之后,显得格外明亮,与彗星有些相似。

　　即使是明亮的彗星与我们的距离也非常遥远,它们的移动速度太慢了,以至于几分钟过后我们用裸眼还是观测不到它的移动。

　　从以上分析可以得出,我们越是洞察事物的本质,对已发生的事件或现象就会越熟悉。这对我们观察力的提升是很有帮助的。

在教授天文学课程时，我有时会问我的学生：是否有人见到过不明飞行物（Unidentified Flying Object，UFO）？总有人会举手表示自己曾见过。当他们描述完自己看到不明飞行物的经历后，有时我会告诉他们那些东西到底是什么，但有时却不行，因为我需要更详细的信息，否则无法做出判断。我一直希望在他们见到不明飞行物时我也在场，主要有两个原因：第一，在同时目击的情况下，我可以用我观测夜空的丰富经验来解释他们所看到的现象；第二，在过去的50多年里，尽管我已经用双筒望远镜和专业设备对夜空观测了4,000多个夜晚，但是从来没有看见过不明飞行物。我想大概是外星人不愿意出现在我面前。

好吧，其实我在13岁的时候，通过望远镜发现过一个V形的移动光源。这让我激动不已，在恢复平静之后，我意识到这只是被芝加哥光污染照亮的一只鹅。从那时候开始，我就准备好观测不明飞行物了。我开始在沃尔格林的杂志专区闲逛，翻阅20世纪60年代中后期非常流行的关于不明飞行物的杂志。经过这么多年的观测实践，可以说我还没有见到过不能用自然解释的现象。

难道104,797人次的目击事件全都是错的吗？这一数字来源于美国从20世纪30年代中期到2019年2月初对不明飞行物目击事件的记录，所有上报的目击事件都被保存在美国国家不明飞行物报告中心（National UFO Reporting Center, NUFORC）。毫无疑问，就算这里面有重复的目击报告，其总量仍然是非常惊人的。如果放眼全球，那么目击事件更是不计其数。

▲   这个物体是被作为不明飞行物报告上去的，但实际上只是太阳在相机镜头中的反射。当你将相机对着一个明亮的光源（在这个例子中，就是太阳）时，就会出现这种反射。你也可以用手机尝试着操作，它很容易重现。（CC BY-SA 4.0 维基百科）

从20世纪30年代到20世纪80年代，目击报告的数量处于缓慢增长状态，但在20世纪90年代中期，情况发生了变化，目击报告的数量急剧上升。根据统计，报告的数量与美国每个州的人口和火箭发射场数量有关。加利福尼亚州人口数量最多，拥有两个火箭发射基地，所以目击报告数量也是最多的，达到13,480次。接下来排名第二的是佛罗里达州，目击次数达到了6,459次，华盛顿州以5,870次排名第三。佛罗里达州排第二的原因很容易理解，这里有著名的卡纳维拉尔角，所以人们很容易将航天发射活动与不明飞行物混淆。但是为什么华盛顿州会排第三呢？

如果你看过全部的目击报告，就会发现所有目击报告都在描述天空中某种与光有关的现象，比如红色球体、蓝色球体、绿色椭球体、闪烁的光源、旋转的"垫圈"、金属球体以及飞行的光源等。

好的方面是这些目击报告反映出人们对天空中出现的现象的关注，但是也要思考在这么多的目击报告中，到底有没有外星人的飞船，这个问题显然需要大量的证据来进行佐证。对目击者而言，那个你眼中看起来"会发光的"椭球状不明飞行物，在我眼中是一片孤立的极光；那个香肠形状的不明发光物，在另外一个人看来可能是流星；而带有蒸气尾迹、闪闪发光的金属球，实际上只是小孩放飞的带细绳的银色聚酯薄膜气球。以最后一个目击报告为例，当我看完这段模糊的视频之后，就已经知道它是什么了。

看起来很像其他东西的事物，除非有证据表明，否则在不明飞行物目击报告中出现最多的灯光可以是很多东西，它们与外星人有关的可能性是最低的。大多数人并不怎么关注天空，没有人能责怪他们，因为他们忙于生活。我们偶尔见到一些奇怪的东西，并且将它们和外星人联系在一起也是很正常的一件事。如果你认为外星人真的存在，就会更倾向于将这些奇怪的现象归因于外星人。如果将目击事件与志同道合的朋友或者熟人分享，那么我们就会对"外星人真的存在"这个说法深信不疑。

然而，这些目击报告也缺乏与外星人飞船有关的直接证据，顶多只是暗喻它们可能存在，那些出现在天空中的不明发光物都可以用自然原因来解释，而且很多现象的形成机制都非常有趣。这并不意味着不存在未知的自然现象，我们仍然需要不断观察我们的世界，发现更多的未知现象。一个很好的例子就是"红色精灵"闪电现象，闪电呈水母状出现在雷暴云上方。在其发现之初，科学家甚至怀疑飞行员目击报告的真实性，但现在我们知道"红色精灵"闪电是真实存在的。多亏了不断推陈出新的数码相机，人们才可以在地面上拍摄到这些转瞬即逝的"红色精灵"闪电。

▲   2017年8月18日,在午夜来临之前,德国东南部地区出现了雷暴天气,云层上方出现了"红色精灵"闪电。此时,雷暴区还处于315英里(约507千米)之外。这个现象只持续了不到1秒钟。(翁德雷·克拉利克[Ondrej králik])

　　目前,关于不明飞行物的争论有几个方面被认定为伪科学,比如不明飞行物是外星飞船、人类经常遇到外星人(主要是在进行实验的过程中)。尽管有这么多目击者,但是并没有科学证实和外星人的接触或交流。没有技术共享,也没有保持联系的方法,当然也没有外星人留给人类的物件。人们可以读到关于外星人种种迹象的信息,但是没有一项能证实外星人存在的证据被发表在权威科学出版物上。

　　更重要的是,五角大楼(指美国国防部)曾对不明飞行物和未识别的航空现象(Unidentified Aerial Phenomena, UAP)进行了两次超大规模的研究,希望能够解决公民和军方的目击事件,特别是飞行员的目击报告。不论是1947至1969年的蓝皮书计划(Project Bluebook),还是2007至2012年最新的高级航空威胁识别计划(Advanced Aviation Threat Identification Program, AATIP),都没有得出明确的结论。没有确凿的证据显示外星人的飞船是存在的,我们也没有发现过所谓的飞船残骸。高级航空威胁识别计划还获得了

2,200万美元用来调查不明飞行物，同时也为研究曲速驱动、目视隐身等"投机科学项目"提供资助。

五角大楼花费巨资对不明飞行物进行调查，是否有最终结论？ 21世纪初，由美国海军飞行员所拍摄的几段视频显示，有一个模糊的斑点以人类难以置信的速度在移动。我们是否可以认为这是外星人存在的确凿证据呢？虽然这是一个很有趣，并且值得进一步研究的现象，但它很难作为证明外星人存在的决定性证据。为了深入研究那些未识别的航空现象，2019年，美国海军起草了新的指南，鼓励海军航空兵的飞行员将目击事件上报，不必担心自己被嘲笑。在此，让我们向美国海军的决定致敬。我们对这些现象的起源也非常感兴趣，也需要有飞行员这样的目击者，才能够收集到第一手的真实视频或者图像证据，也许我们很快就会有答案。

你能想象得到首个能证明外星生命存在的证据将会如何动摇我们的信念吗？只是让我们得知人类在宇宙中并不是孤独的存在吗？发现这个证据的人是应该获得诺贝尔奖的。我们现在能做的只有等待，因为还没有人发现这个证据。

鉴于这些年的目击报告涉及许多形态迥异的不明飞行物，如果它们都是外星人的飞船，那么我们由此推测，来自不同星球的外星人的种类和数量是相当庞大的。如果这一切都是真的，那么为什么所有关于外星人的照片或素描都十分相似呢？它们都是类人形生物，但是会比正常人类的体型要小一点儿，更像是小孩子。它们大部分都有杏仁状的眼睛，裂缝一样的嘴巴，而且没有耳朵。如果说这些外星人真的来自其他恒星系统，那么它们应该也像人类一样经历过进化。鳍、腿和其他四肢的运动能力，以及视觉、听觉等感觉功能或许是普遍存在的，不论进化路径在不同星球上的区别有多大，但太空中的智慧生命会像是小型化的我们的可能性实在小得可怜。

有些人质疑政府隐瞒了关于外星人的事实，我对此表示怀疑。虽然我同样怀疑一些官方数据的真实性，但是你要知道这个世界上聪明的人还是居多的，而且因为互联网的存在，他们可以接触大量的受众群体。如果我真的有证据证明外星人的存在，例如它们的一项真正的技术、丰富详细的图像或者是其他记录我与它们邂逅的录音，那么我会立马公开这个秘密，并且安排与一位物理学教授在一所本地大学会面，而官方机构将会是最后一个知晓的。

可以肯定的是，一开始没人会相信我的说法，但是在分析完我提供的外星人造物品和相关材料之后，一些不同学科的科学家可能会得出结论，认为我的说法具有一定的真实性。当然，在我提交的所有材料中，外星人造物品会成为关键性证据，录音、照片等会成为有力的佐证。紧接着，相关研究报告经过同行评议并被发表之后，会有更多人开始思考外星人存在的可能性，但是还需要进一步的验证与核实。

科学研究是证明外星人存在的最好方法，因为科学家会仔细检查证据并反复进行测试和论证，直到他们满意为止。科学家可以得出准确的结果，是因为他们有充足的知识储备以及相关设备的支持。科学家也是注重实际的，特别是当你提出想要证明像外星飞船抵达地球这样不可思议的事情时。

我所说的情况只是一种假设，在我的一生中可能都不会发生。但我希望像搜寻地外文明（Search for Extraterrestrial Intelligence, SETI）的科学实验计划SETI@Home、突破聆听计划（Breakthrough Listen）和阿尔戈斯计划（Project Argus）等能够监听到来自太空的生物信号，这些信号可以暗示地外文明的存在。

我一直都相信宇宙中还存在着其他生命，不管它们是细菌还是更高级的生物，所以我也很想目击不明飞行物，但是之前那么多的目击事件都难以让人相信确有其事。不过，我们试着想一想，地球花了多少时间才孕育出了人类，人类又花了多少时间才建造出第一艘载人飞船？差不多45亿年吧，毕竟在前30亿年，地球上只有微生物存在。

很多不明飞行物的目击报告是因为目击者不了解夜空现象而产生的，比如说闪烁的恒星、人造卫星，甚至是金星等。有些可能只是过于真实的梦境，其他的则是人类的一厢情愿罢了。浩瀚的太空阻隔了我们前往哪怕是最近的恒星，因为最快的航天器也要耗费5万年时间才能到达最近的恒星系统——南门二（半人马座α，Alpha Centauri）。当然你也可以认为外星人有非常先进的技术，可以在短短几秒钟内完成长距离旅行。

▲　有的时候，极光看上去像一个碟形的脉冲光源，所以有些人就会误以为极光是不明飞行物。（鲍勃·金）

我们也不排除外星人能在几秒钟内跨越数光年抵达地球的可能，但这种可能性是微乎其微的。我们不妨再试想一下，外星人为什么不与我们交流一下想法和技术呢？有可能是因为我们太暴力了；有可能是因为害怕被地球上的细菌消灭；也有可能是因为星际法律禁止它们和我们接触，它们只能观察我们。事实上我们可以编造各种关于外星人的故事，但却不愿意证明自己对它们的情况是一无所知的。我们不能证明它们的存在的原因可能是它们还没有来拜访过。

人们所认为的不明飞行物到底是什么呢？以下是经常被误认为是不明飞行物的物体：

•**金星或者其他明亮的行星，如木星或火星** 当你抬头第一次看见金星时，可能会想："从来没见过这个，这是什么，是不明飞行物吗？"

•**卫星** 天空中有很多朝着不同方向运行的卫星，在阳光的照射下，它们可反射金属光芒。在不熟悉卫星外表的情况下，你也有可能会将它们当作不明飞行物。

▲   在明尼苏达州苏必利尔湖上空出现的海市蜃楼现象———一个近海岛屿变成了一个在空中盘旋的"不明飞行物"。(杰伊·怀特[Jaye White])

•**气象气球** 气象气球在阳光照射下会呈现亮眼的银色，在多云的情况下则会暗淡无光。大部分气球都有稳定的飘移方向，只有高空气球会在某个区域停留数个小时。有时它们会被带入上升气流，开始快速不规律地移动。

•**高高挂起的中国灯笼** 灯笼看起来就像是"红星"，向一个方向缓慢移动。

•**极光**　多数人能认出经典极光的弧线和射线，但是有时它们会单独出现，并且在几分钟内持续波动。亲眼看到这样的情景会让一些人感到害怕，并且忘记这是极光，进而认为这是不明飞行物。

•**火箭发射**　火箭发射时，助推器会留下彩色的尾迹。有时助推器会释放燃料，如果它正在旋转，就会产生螺旋状的辉光。

•**天狼**　天狼是夜空中最闪亮的恒星，人们通常会将它的闪烁误认为是正在移动的物体。

•**明亮的流星和彗星**　正常来说，彗星不会在极短的时间内发生较大的变化，但是流星会分裂、爆炸，或有一个扭曲的"小尾巴"。

•**荚状云**　荚状云通常看起来有点像"飞碟"。

•**不明反射**　窗户和玻璃墙映衬出的灯的虚像也会被误认为是天空中的不明物体。

•**蜃景**　光在传播过程中，由于穿过不同温度的空气层，会导致海市蜃楼现象的出现。我们会在道路和湖泊上空看到奇异的悬空形态，它似乎是在对抗地心引力。

•**航空发动机火焰**　在一些军用飞机的飞行训练中，发动机火焰有时候也会被认为是不明飞行物。

•**飞机上闪烁的指示灯**　你可能对飞机上绿色和红色的闪烁导航灯非常熟悉，但可能不知道在非民用的飞机中，照明配置是不一样的。在写这本书的过程中，我看到过一架非常奇特的飞机。在第一眼见到它时，我以为这是不明飞行物群，其中包含四个大的和两个小的不明飞行物。这让我很困惑，直到它倾斜了角度，我才清楚地看到这是一架飞机。

•**由相机或者手机相机产生的镜头光晕和内部反光**　如果你用眼睛直接观察不到，而是用手机看到的，那就是镜头光晕。当你将手机镜头转向另一片天空，这种反射也会随之移动。

- **实验性质的军用飞机**

- **国际空间站以及一些轨道卫星反射的太阳光**

- **聚酯材料制成的气球（那种有银色光泽的）** 当被太阳光照射时，这些气球可以通过多次反射达到视觉上的倾斜、旋转、闪烁。

- **移动的星辰** 如果你并不熟悉明亮的天体的分布，可以尝试着在夜晚看几分钟天空，就会发现天上的星辰其实在移动。这是由地球自转引起的。

当你再遇见不明飞行物时，请考虑一下是否符合以上的任何一种情况。我可以很明确地告诉你：看见不明飞行物的次数会随着你对天空了解的加深而减少。很抱歉告诉你这个不好的消息。有时候知识会得到反驳是因为它的存在减少了很多奇迹。但我觉得，知识反而能够增强我们的理解能力，以及创造奇迹的能力。不管怎样，这就是我想说的。我认为，你应该和我一样，都特别喜欢经历那些我们从不知道的事。知识也赋予了我们力量，有了它，我们并不是无助的。

在现代文化中，相信不明飞行物存在的人如此之多肯定还有其他原因。在美国，至少有三分之一的人认为不明飞行物是外星飞行器。外星人总是跟神秘、阴谋及假设等词挂钩，让我们对它如此好奇。但外星人经常"回避"我们，你永远也找不到它们的身影，它们的技术比我们的先进很多，它们用奇异的灯光效果向我们宣示它们的存在。于是，我们不禁想要了解更多关于外星人的故事。在你听到朋友讲的外星人故事或者新闻报道不久以后，就会成为不明飞行物的拥护者。

人们也喜欢和宇宙建立一种联系，不管这是建立在宗教信仰，还是科学甚至是相信不明飞行物的基础上。有了外星人，人类就不那么孤独了，并且它们有着超凡的技术和令人难以置信的力量，远远超出人类的认知。对于一些人来说，它们就像是关心我们的神灵，偶尔来看一下我们发展得怎么样。

我们相信什么，什么就会变成我们心中的真理。我担心的是，如果我们一味相信那些没有证据的事情，就会丧失区分事实与幻想的能力，甚至误入歧途。这个世界并不完全是虚构的，我们可能会期望某件事以某种方式发生，但并不是所有的事情都能称心如意。

你使用过指南针吗？指南针看似神奇的永远指向北方的力量来源于地底 1,800 英里（约 2,890 千米）深处的地核，那里是由液态铁组成的外地核的起源地。它就像是锅里的沸水一样翻动，并随着地球自转而增强。液态铁中会产生电流，这会形成一个与地球自转轴对齐的行星磁场。这也就是指南针会对南北极磁场做出反应，并永远指向北方的原因了。

我们很少关注电和磁之间的联系，事实上它们两个之间有不可分割的关系。让我们做一个实验：准备一个一号电池和一根较短的电线。将指南针放在电线下方，将电线的两端分别连到电池的两极上，电线中流动的电流会产生一个改变指南针指向的磁场。

地球磁场可以延伸至太空深处，并充当保护罩保护地球，减轻由太阳耀斑和日冕物质抛射引发的太阳风暴，以及高速粒子云所带来的伤害。就像水从鸭子背上流过一样，太阳向我们投射的大部分射线都会被磁场偏转，我们也不用担心磁场磨损。不管怎么样，磁场还是提供了足够的保护。如果没有磁场，我们就会遇到地磁风暴的袭击，来自太阳的高能粒子会跟随地球磁场进入高层大气，引发极光，并且会对我们的卫星等电子设备造成严重破坏。

稍后我们再详细介绍。

我们知道指南针并不指向北极或者真正的北方（真北），而是指向地球磁场的北极（磁北）。由于地球外核中液态铁的不规则流动，导致磁北与真北相差很大，大概在北偏西30°到北偏东26°之间移动，这个相差值被称为"磁偏角"。在旅途中，如果想要确定真北，那么你需要提前知道该地的磁偏角，否则就会失去方向。

地球的磁场保护罩并不是永远都不变的。我们习惯了指南针指向北方的事实，但是在80万年前，南北磁极是颠倒的。地球磁场反转是我们无法预测的，并且次数很频繁。在过去的8,300万年里，南北磁极对调的次数达到了183次，其间隔时间短则数千年，长则5,000万年。但是在过去的2,000万年里，反转的平均间隔在20万至30万年。科学家仍然在设法找出磁场反转的原因，较多的调查认为，地核中液态铁的流动有可能是导致磁场反转的原因。

地球磁场反转的随机性较强，并且通常会在1,000到10,000年的时间里完成反转。最近一次反转发生在78万年前，被命名为"布容–松山极性倒转"（Brunhes-Matuyama reversal），并且是在人类寿命时长内完成的快速反转。磁场反转并不意味着南北极已经完全固定了，在这个过程中，地球上的不同区域还会出现多个北极和南极。

地球目前似乎正处于下一次磁场反转的边缘。因为从19世纪初期开始，磁北极一直在向北移动，穿过加拿大向西伯利亚靠拢。根据调查发现，磁北极的移动速度加快了，从100年前的每年10英里（约16千米）加速到现在的每年40英里（约65千米）。但是我们必须小心谨慎地做出假设，才能排除磁场反转的可能性。即将发生的反转有可能在下一秒就停止，然后过段时间会卷土重来。两极现在的移动情况告诉我们，我们无法确保磁场是不是很快就会反转。再次声明，这只是可能。

我们应该担心这个吗？如果没有了磁场，那么地球就无法抵御太阳风暴的入侵，也无法对抗来自宇宙的射线（在银河系附近旋转的高速粒子）吗？事实上，在磁场反转过程中，地球的电磁防御能力会变得非常弱，但不会完全消失，甚至磁场还可能衍生出多个磁极。不管怎样，我们的大气层还会保护地球，抵御来自外太空高速粒子的伤害。对于那些来自太阳的亚原子粒子，大气层也会进行吸收，以限制它们进入近地面层。

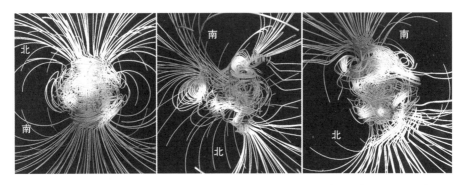

▲ 美国国家航空航天局用计算机来模拟磁场反转。图中的管状物代表磁力线，磁场反转没有任何规律可言，在磁极最终安定下来之前，磁场还会出现多个磁极。（美国国家航空航天局［National Aeronautis and Space Administration，NASA］）

虽然大气层给我们提供了保护，但是我们还有其他的麻烦，那就是臭氧层。科学家预测，太阳风的到来会扩大臭氧层的空洞，并且会导致新的空洞产生。另外，如果我们不能够抵御太阳风暴的话，电网会被破坏，其他以磁场定向的生物，比如鸟类和细菌，它们进食和迁徙的能力也会受到影响，因为它们失去了方向。而如果不能抵御高速粒子，我们的卫星等电子设备也将遭到破坏。

但是我们根本没必要去担心大陆塌陷等全球毁灭性的世界末日场景，因为在过去的时间里，地球已经发生了很多次磁场反转。根据科学家对化石的研究来看，磁场反转并不会导致全球生物灭亡。我们现在可以确认的是，反转过程中会有一些物种受到不同程度的伤害，但是与被小行星撞击、火山活动等造成更大的灭绝事件相比，磁场反转给我们造成的影响不是非常严重。在未来可能出现的磁场反转中，磁场会减弱，我们还有可能在赤道以南的地方看见极光。

如果你想知道我们是如何在没有经历过磁场反转的情况下发现它的，去海底一趟，你就明白了。岩浆从地壳中被称为"洋中脊"的裂缝中渗透出来，沿着海底山脊两侧向上扩散，并开始冷却，形成新的地壳。处于液态的熔岩中含有的铁颗粒会重新适应当前的磁场方向。

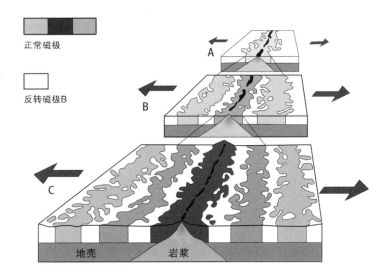

▲　当新地壳的洋中脊冒出岩浆时，会留下当前磁场的印记，从而创造地球磁场不断变化的记录。（维基百科）

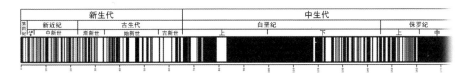

▲　图中的暗区代表地球磁场的极性与现在南北磁极匹配的时期，亮区是磁极相反的时期。这个条带的时间跨度从现在（左）到1.7亿年前（右）。（维基百科）

当这些熔岩冷却的时候，磁场的印记就会被岩石"记录"下来。只要熔岩不断出现，那么在磁场反转的时候，磁场的变化都会被"记录"在新的地壳上。距离洋中脊最远最古老的地壳"记录"着最古老的磁场反转，距离洋中脊越近，岩石越"年轻"，而山脊上的则是刚诞生的岩石。

科学家们将磁力计放入海洋中来检测岩石中磁场的方向和强度，最终绘制出之前的磁场地图。因为岩石对称地分布在山脊的两侧，所以当船通过裂缝时，我们就会在另一侧反向探测到相同的从年轻到古老的图案，它就像是杂货店里商品的条形码一样。

告诉你一个关于指南针的秘密。地球磁场的南北极和地球的自转轴非常接近，所以指南针的一端指向北极，而另一端指向的则是南极。这是由于异性相吸，即一个磁体的北极与另一个磁体的南极相互吸附；同样的，同性相斥，即北极排斥北极，南极排斥南极。由于指南针上磁针的北极会被地理北极吸引，因此即使是位于北美洲的加拿大，实际上是处于地球磁场的南极。所以说地球磁场的南极才是我们平常所说的地理北极，南北"颠倒"。这很疯狂，对吧？

你有多久没想起电离层了？我敢打赌你早就把电离层给忘了。但当提起太阳风暴和北极光时，你肯定会想起电离层，因为它们都发生在地球大气层的上层，也就是电离层。

为了更加深入地了解电离层，阿拉斯加大学费尔班克斯分校（University of Alaska Fairbanks）的科学家在阿拉斯加加科纳小镇安克雷奇东北方向约200英里（约322千米）的地方建立了一个执行高频主动极光研究计划（High Frequency Active Auroral Research Program, HAARP）的研究站。在该研究中，科学家使用高功率发射器将无线电脉冲射到电离层来研究其性能，发射器是由180根天线组成的阵列。

在开始介绍这个备受争议的研究之前，先让我们深入了解一下地球的大气层。

所有的天气以及我们呼吸的空气都处于大气层的最底层，即对流层。对流层在赤道和中纬度地区离地面的高度为11英里（约18千米），在冬季的极地地区，对流层离地面的高度会降低至3.7英里（约6千米）。对流层的空气是最厚的，随着海拔升高，空气会变得稀薄，随之而来的就是寒冷。对流层的上方是平流层，平流层底部是冷的，气温随着高度的增加而升高。变暖的原因是臭氧层吸收了来自太阳的紫外线，把平流层的顶部加热。臭氧层处于平流层的中部至顶部。

▲　高频主动极光研究计划的研究人员使用由180根天线组成的阵列将无线电脉冲射入电离层，对其性能进行研究。（迈克尔·克莱曼［Michael kleiman］）

从距离地面31英里（约50千米）的高度往上就是电离层，这是一个范围较大但是大气稀薄的区域，一直延伸到620英里（约1,000千米）的高度。电离层由离子构成，这些离子来自常见气体（如氧气和氮气）中那些失去了电子的原子和分子。太阳的紫外线和X射线的能量足以电离出中性气体分子的电子，并使它们变成带有正电荷的离子。从本质上讲，它们是带电的。但是这种状态并不会持续很久，因为离子都希望自己恢复到正常的原子状态，所以会在重组的过程中与其他自由电子结合，这样它们就可以恢复正常了。片刻之后，原子又被电离，这是一个循环往复的过程。

电离层有好几层，分别为D层（最低）、E层（中间）和F层（最高）。因为它们特殊的电特性，有些层在白天和黑夜的不同时间以及季节性情况下都可以完美反射无线电波。无线电爱好者经常通过电离层将信号反射出去，以此与其他无线电爱好者取得联系。由于电离层的反射特性，使得伊利诺伊州皮奥里亚地区那些热爱短波无线电的人每天都可以听到来自巴布亚新几内亚的实时新闻广播。

电离层也是产生北极光的地方。尽管北极光和南极光可以在所有高度的电离层内发生，但显然极光更偏爱E层。从太阳射出的质子和电子在地球磁场的引导下会以极快的速度来到电离层。当它们与氧原子和氮原子等相撞时，会将原子中的电子电离出去，使得原子暂时成为离子。片刻之后，离子和电子就会进行重组。在这个过程中，它们会以发出红色和绿色的微光来释放能量，这也就是我们所说的极光。

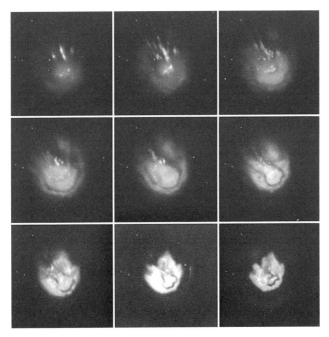

▲　这是高频主动极光研究计划创造的人造极光，是人类可以用肉眼看到的，产生的颜色是极光的经典颜色：粉色和绿色。（托德·R.佩德森博士［Dr.Todd R.Pederson］）

高频主动极光研究计划的研究人员向阿拉斯加大学（University of

Alaska）购买了研究站的使用权，通过天线阵列开始对电离层反射无线电信号、与潜艇通信及人造极光等多个项目进行研究，以便更好地理解大自然中真实的极光。2004年3月10日，科学家们使用发射器将频率为5.95兆赫（短波无线电可以接收到的频率）的定时高频无线电脉冲发射到E层，整个过程持续了10分钟。他们希望能够以此来创造极光。

结果证明这个尝试是成功的！相机所记录的绿光足够明亮，人们甚至可以用肉眼看到它的存在。绿光不仅能由发射光直接产生，还可以通过改变发射光粒子轰击大气的速率间接产生。

每当有能量束被发射到大气中时，尤其是那些由政府主导的项目，人们总是会思考其是否会有不利的影响。为了处理这种情况，由美国海军和空军从1993年开始运营的高频主动极光研究计划项目在2015年时被阿拉斯加大学接手运营。不论怎样，人们还是不信任政府的，因为在提高透明度的同时政府可能会用一些阴谋来掩盖事实。借助高频主动极光研究计划，美国军方想要进一步了解电离层，以及使用电离层来影响远距离无线电通信。

尽管研究站当时可以继续运营，但是谣言开始流传，人们认为科学家们使用设备是为了控制天气、击落卫星，甚至是控制他们的思想。有人更是将2011年日本发生的地震和海啸等自然灾难事件归因于高频主动极光研究计划。

高频主动极光研究计划的性质到底是什么，对此我们不妨看看一些事实。第一，高频主动极光研究计划不是机密项目，你可以在网上查阅到由使用过该设施的科研人员发表的科学论文，这些论文中有些是需要付费下载的，有一些是完全免费的。第二，电离层是一个容易受到太阳风、太阳耀斑以及雷暴影响的动力介质。在特定的高度上，向电离层发射无线电波的效果就跟在湖里投入一颗石子一样，几秒或者几分钟之后就没有任何影响了。一次雷击的平均功率为10千兆瓦，这个功率远远超过无线电发射器的功率。高频主动极光研究计划发射器的功率最高也只能达到3.6兆瓦。值得一提的是，这个数字与电影《回到未来》（*Back to the Future*）中布朗博士（Doc Brown）的德罗宁时光机所需要的 1.21 千兆瓦还有很大的差距。

所以高频主动极光研究计划是改变不了天气的。美国雷电探测系统平均每年会监测 10 万次暴风雨天气中的 2,500 次近地面雷击，但是这些都没有改变天气，更别说高频主动极光研究计划了。

我们生活的环境中充满了无线电波。调幅和调频广播电台通过大气来传播无线电波，使得我们能收听到各种新闻广播以及音乐。我们生活的环境中也充满了更高频的电视信号，我们每天都在收看由这些信号传输的节目，却从来不知道这种无形的能量一直都在我们身边。假如你对科学有基本了解的话，就不会对一些基本的科学事实感到恐惧和困惑。

从太空中可以看到中国的长城吗？答案很简单：看不到。即使是国际空间站（International Space Station, ISS）上的宇航员也看不到。如果借助设备，那么宇航员是可以看到的。比如宇航员使用直径为180毫米和400毫米的长焦镜头可以勉强拍摄到长城的轮廓，这些设备类似于摄影记者在拍摄棒球或者曲棍球比赛时使用的设备。

　　2004年11月，一位美籍华裔宇航员焦立中（Leroy Chiao）决定带上相机和长焦镜头亲自去太空拍摄长城，最后从太空中拍到了第一张非常明晰的长城照片。他的照片显示了北京以北约200英里（约320千米）的长城，其位于内蒙古。事实证明，在太空难以看见长城的原因之一是长城是由颜色与周围景观相似的材料建造的，所以人们很难进行区分。其他一些人造设施（如澳大利亚的沙漠公路）即使在没有光学器材的辅助下，也很容易被看到，因为它们的颜色与周围的环境形成了鲜明的对比。

　　据美国国家航空航天局的说法，焦立中本人说他并没有用肉眼看见长城，甚至不敢肯定长城是否会出现在自己的照片中，这需要非常专业的卫星图片分析人员才能确认。

　　长城实际上是一系列的城墙结构，绵延约1.3万英里（约2.1万千米），宽度在13到15英尺（约4到5米）之间。现在保留较好的一部分是明长城，修建于1368到1644年，其目的是抵御北方游牧民族的入侵。早在1904年，《远东地区的人民和政治》（*The People and Politics of the Far East*）的作者亨利·诺曼（Henry Norman）就提出从太空中看长城的想法。他写道："长城不仅有古老的历史，还享有从月球上唯一能看到的人类奇迹的声誉。"

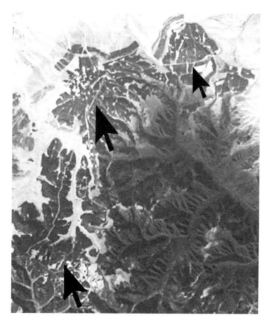

▲　　这张照片于2004年11月24日由宇航员焦立中拍摄。他在国际空间站经过内蒙古上空时拍下这张关于长城的照片。（美国国家航空航天局）

　　很显然，亨利·诺曼自己并不清楚是否真的能做到这一点，因为可以证明这个说法的航天器在20世纪50年代才被发射入轨。比较有可能的是，他运用了夸张的手法来简单描述长城的宏伟规模。1938年，美国冒险家理查德·哈利伯顿（Richard Halliburton）在《东方奇观》（*Second Book of Marvels-the Orient*）这本书中又强调了这个观点，写道："天文学家指出，在月球上，长城是唯一一个人类可以用肉眼看到的人造物。"

但是这个观点也是错的。现在人类已经对月球进行过多次访问，并从月球上看到了地球，也知道在月球上看到的地球面貌是什么样的。已故宇航员艾伦·比恩（Alan Bean）是阿波罗12号登月舱的宇航员，也是第四个登上月球的人类。他是这样描述的：在月球上，你能看到的地球是一个美丽的球体，它大部分区域是白色的，一部分是蓝色的，还有一些黄色的斑块，偶尔会有一些绿色的（植被）。你无法看到任何人造物，甚至可以说在离开地球轨道，并且离地球只有几千千米的地方也看不见任何人造物。

如果你对于在月球上和近地轨道上都看不见长城而感到失望，这里还有一些可以安慰你的话，那就是绝大部分人造物都是不能被看见的。在距离地面250英里（约400千米）的高度运行的国际空间站上，你可以看见的是全球几百个城市夜晚的灯光，比如来自大型公路、大坝、大型采矿点以及机场跑道的灯光。

▲   这张照片拍摄于1972年12月19日，由阿波罗17号宇航员哈里森·施密特（Jack Schmitt）站在美国国旗旁边拍摄，身后是从月球表面所看到的地球。在月球上，人们用肉眼只能看到地球上的云和大陆的大致轮廓。（美国国家航空航天局）

宇航员见过最奇怪的人造物是来自西班牙南部阿尔梅里亚附近的一个巨大温室，它是世界上最大的塑料温室集中点，由于规模庞大被戏称为"塑料之海"。它的占地面积约为185平方英里（约480平方千米），看起来像是西班牙南部海岸的白色隆起物。

之后，我们将能够进行太空旅行，维珍银河（Virgin Galactic）和蓝色起源（Blue Origin）等企业会提供既安全又让人负担得起的服务。如果你打算买票的话，请一定要留意航班是否飞过外太空的边界——"卡门线"（Kármán line），这里海拔为62英里（约100千米），空气稀薄，一般的民用航空器是不可能飞到这个高度的。卡门线的命名来自美籍匈牙利裔工程师和数学家西奥多·冯·卡门（Theodore von Kármán）的名字，他第一次对大气层的边界进行了界定。

来自哈佛-史密森天体物理学中心（Harvard-Smithsonian Center for Astrophysics）的天体物理学家乔纳森·麦克道尔（Jonathan McDowell）并不认同这个定义。他在2018年发表的论文中对43,000颗卫星的轨道高度进行了分析，指出大气层的边界应该是在距离地面50英里（约80千米）的高度。神奇的是，这和卡门最初计算的数值52英里（约83.8千米）非常接近，是卫星可以继续飞行而不会迅速落回大气层的最低高度。不管最终是哪个数值，这个高度上的大气都是非常稀薄的。如果你有幸进入太空，想在太空中看到长城的话，最好带上双筒望远镜。

在不同半球，水流出排水口的方式不同，是真的吗？如果这个问题得不到解决的话，那么所有关于城市神话的书都不是完整的。这个问题的答案为只有在某些特定情况下"是真的"。

地球有南半球和北半球之分，在相反的半球中，从排水管流出的水以随机的方向向下旋流。相比于受地理位置和地球自转的影响，水流的旋转方向更容易受到排水管形状以及液体初始"扭曲"状态的影响。这些小范围的不规则行为反而有更强大的驱动力，甚至还能对像飓风和气团这样的大系统产生影响。就以家里的浴缸为例，我们可能忘记了详细的实验结果，但是在没有气流产生且浴缸完全静止的理想情况下，根据科里奥利效应（Coriolis effect），在不同半球水从排水口流出的方向应该是相反的。

在我们开始讨论科里奥利效应之前，你首先要知道物体在地球上不同纬度的线速度是不一样的。在赤道上，物体的线速度约为1,000mi/h（约1,600km/h）；在南北纬40°，线速度为800mi/h（约1,300km/h）；在南北纬60°，线速度为500mi/h（约800km/h）；而在两极，线速度为0。造成线速度不同的原因是物体在不同纬度上绕地轴一圈的路程不同。与阿拉斯加州安克雷奇一家咖啡店中电脑旁的杯子相比,在赤道上的咖啡杯需要在24小时内完成更大路程的圆周运动,速度自然要更快才行。而在两极的杯子并不需要任何移动,只需要待在原地就行。

知道这个之后我们开始研究科里奥利效应吧。安大略省的皮克尔莱克与加拉帕戈斯群岛一样都处于西经90°,但是它们所处的纬度并不相同。加拉帕戈斯群岛横跨赤道3,600英里(约5,800千米),位于处于北纬51°的皮克尔莱克的正南方。

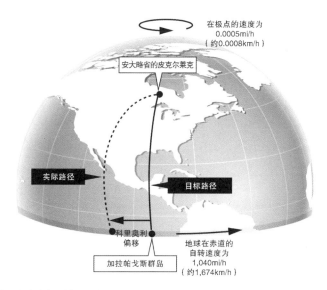

▲　地球的自转线速度随着纬度的增加而变慢,导致从北半球向南抛的物体会向右偏转,南半球向北抛的物体会向左偏转。这就是科里奥利效应,它还影响着风暴旋转和洋流流动的方向。(加里·米德[Gary Meader])

假如你在皮克尔莱克向加拉帕戈斯群岛发射炮弹,炮弹在朝着赤道方向飞行时,下方位置的线速度会缓慢增加。实际上,在加拉帕戈斯群岛位置的线速度与在皮克尔莱克相比每小时会快385英里(约620千米)。所以当炮弹落下时,不会落在发射点的正南方,而会落在岛屿的右侧(西边)。所以下次发射炮弹时,你要考虑一下这种情况,瞄准南偏东的方向才能击中目标。好了,现在欢迎来到科里奥利效应的世界。

现在你将大炮指向北极方向并发射炮弹。它会遵循相同的弯曲轨迹，但是在它飞行的过程中，下方位置的线速度会变慢，所以炮弹应该会在目标方向上向右（向东）偏离。所以同样的，在南半球发射的炮弹也不会落到你预期的位置。

▲　在这张卫星照片中，由于科里奥利效应，冰岛上空的低压系统沿逆时针方向旋转。（Aqua-MODIS数据网络 / 美国国家航空航天局）

这里没有任何力量对炮弹进行干预，迫使它偏离弹道，这一切都是由地球表面不同纬度自转线速度不同引起的。科里奥利效应同样可以运用于大气中，风暴在北半球的旋转方向是逆时针的，在南半球则相反。等下一次风暴来临时，你可以去看一下延时拍摄的卫星照片，然后就能懂了。

你可以很容易在大维度洋流、气团等系统中发现科里奥利效应，但对于浴缸的排水系统来说，很难观察到这种效应，因为浴缸的空间太小以及排水的时间太短。还有很多干扰因素，例如空气的流动、温度的变化、水流的大小以及浴缸的表面纹理等产生的影响很容易掩盖科里奥利效应。

在理想的实验条件下，科学家们确实观测到了科里奥利效应的存在。1962年，麻省理工学院（Massachusetts Institute of Technology）的机械工程教授阿舍·夏皮罗（Ascher Shapiro）对此进行了一次实验，以确认北半球排水管里的水在流出时是不是以逆时针方向旋转。阿舍·夏皮罗教授制作了一个带有直径为0.375英寸（约1厘米）排水口的圆形的平底水箱，在水箱底部连接一条20英尺（约7米）长的软管。塞住软管后，他给水箱注入6英寸（约15厘米）高的干净室温水，然后覆上一层塑料薄膜并控制室内温度，以最大程度减少空气流动和室温改变等干扰因素的影响。最后，他将水以顺时针方向倒入，如果排水的时候水还是逆时针旋流，那就说明加入水的方向并不会影响排水方向。

他在水箱静置了一天后拔掉塞子，并在排水口上放了两块交叉的木片作为浮子。在前15分钟，什么都没出现，直到排水过程的最后5分钟，浮子开始逆时针旋转，达到每3至4秒旋转一圈的峰值速度。他通过反复实验得到的结果是一样的，真是太棒了！

阿舍·夏皮罗教授将这份研究报告发表在《自然》（Nature）杂志上，结论很快就得到了其他科学家的证实，其中包括科学家劳埃德·M.特雷费森（Lloyd M. Trefethen）。劳埃德·M.特雷费森于1965年在南半球进行了类似的实验，证明了在南半球水从排水口流出的旋转方向的确是顺时针。

我也在普通的浴室条件下进行过实验，使用木制浮子来确定水流的旋转方向。第一次实验的结果是木制浮子以逆时针方向旋转，这让我无比激动。但在接下来的反复实验中，结果并不都是一样的。

所以，你也应该清楚，在精准控制的条件下是能看到科里奥利效应的影响的，只是在你的浴室里看不到而已。

流星是坠落的恒星

　　谈到流星的时候人们通常会误认为其是坠落的恒星，其实流星与恒星没有任何关系。它们只有一点是相似的，那就是看起来像是天上的恒星坠落到地球上，而且在那一刻会燃烧发光。庆幸的是，这种事情永远都不会发生，恒星并不是我们看到的那么小，它是巨大而明亮的。在坠落之前，它要先接近地球。这会使它看起来就像是天空中的第二个太阳。

　　好吧，也许它们不会坠落在地球上，而是穿越太空。就算是离太阳最近的恒星系统——南门二，以目前 50,000mi/h（约 80,500km/h）的速度移动，也需要耗费 2,300 年才能在我们的天空中移动像满月那么宽的距离。在地球上看，这是一个缓慢移动的"流星"。

　　我们知道流星来自离地球很近的空间，尽管流星的外表是很亮眼的，但实际上它是非常小的，就像嵌在鞋子里的小石子，或者和葡萄坚果麦片中的松脆块一样小。对于那些光芒更微弱的流星来说，它们比沙粒还小。大部分流星都来自经过地球附近的彗星，以及位于火星和木星之间的小行星带。

　　小行星之间的碰撞会导致岩石飞溅，其中会有一些岩石进入地球的运行轨道。当这些岩石进入地球轨道，并撞击地球大气层时，就会发出闪烁的光。这就是我们所说的流星。彗星的主要成分是冰，内部嵌有灰尘和岩石颗粒，所以当彗星经过太阳时，部分冰会融化，并释放出颗粒和气体，这就是彗星的彗发和彗尾了。随后这些颗粒将会离开彗星进入地球轨道附近，当它们被地球引力"捕获"时，就会进入大气层，与大气摩擦、燃烧而产生光迹。

▲　小行星之间的碰撞会使得岩石飞溅，一些岩石会飞向地球方向，并被地球引力所捕获，最后这些岩石会像流星一样划过我们的天空。〔美国国家航空航天局／加州理工学院喷气推进实验室（JPL-Caltech）／蒂姆·派尔（卫星状况中心）〔T.Pyle【SSC】〕〕

从小行星和彗星脱落的小颗粒和岩石在进入地球大气层前被称为"流星体"，进入后则被称为"流星"。如果流星体足够大且密度较高，可以经受住与大气摩擦、燃烧，最终落到地面上，我们就将其称为"陨石"。

流星体被地球引力捕获后，首先进入地球大气层，距离地面的高度介于50到70英里（约80到113千米）之间，并且以惊人的速度移动，速度超过45,000mi/h（约72,000km/h）。流星体穿过大气层时与空气的摩擦可将流星体加热到3,000°F（约1,650°C），并将其蒸发为叫作"流星尘"的粉末。我们所看见的流星本身没有燃烧，那些进入大气层的固体颗粒会将流星体周围的空气加热，并进行压缩，使得空气中的分子释放出电子，被电离。离子是那些失去了电子的原子或分子，带有正电荷。这些"电离尾迹"是无线电信号的绝佳反射器，无线电爱好者将其用作临时的"表面"，将无线电信号反射到地球的遥远角落，这样无线电爱好者就能与远方的同行进行沟通了。

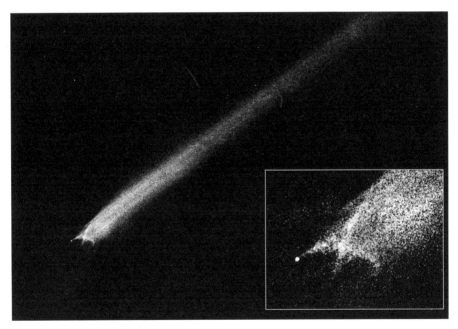

▲　　在2009年发生的一起小行星碰撞事件中，小行星P/2010 A2中出现了一条彗星状的碎片流。科学家估计这种级别的碰撞在中等大小的行星之间，大概每年都会发生一次。〔美国国家航空航天局，欧洲航天局（European Space Agency，ESA），D.朱伊特（加州大学洛杉矶分校，[D. Jewit【University of California, Los Angeles，UCLA】]）〕

当被电离的分子重新得到电子时，会释放出能量，看起来就像是一个发光的条纹，也就是我们所说的流星。事实上流星并不是真正在燃烧，我们看到的在燃烧的其实是发光的等离子体。每个条纹大约宽1米，长度可达数十千米，但持续时间仅1秒钟。如果将它比喻成可以放在手里的东西，那它应该像一束煮熟的意面。如果你能使时间的流速放慢100倍，并将自己缩小到老鼠大小，那么你就会在一个充满了柔和光线的隧道中来回穿梭，里面夹杂着绿色、黄色或者红色的光线，这取决于流星体的主要成分以及速度。

让我们做一个有趣的假设，如果流星真的就是那些坠落的恒星，那你觉得需要多长时间，这些恒星才会全部从空中坠落呢？我们用肉眼就可以看见的恒星大约有9,100颗。除开像英仙座和双子座这样的流星雨，观察者在1个小时内能看见6颗左右的流星，按照一个晚上9个小时的时间计算，也需要163天，流星才能全部坠落。多亏了彗星和小行星不断产生新的流星，这样我们才没有"失去"任何一颗恒星。

陨石落地时无比炽热

　　人们每年目睹并报告陨石坠落事件大约有8至10次，但是只有极少数人能够在陨石坠落到地面之后，立马对它进行接触检查。正如我们即将了解到的，关于这些来自小行星带的新碎片是冷的还是热的，各个报道都不相同。

　　我们现在能确定的一点就是最终成为陨石的明亮火球并不代表它们正在燃烧。在上一节关于流星的话题中，我们提到它们在穿过大气层时会与周围的空气分子摩擦发生反应，从而短暂发光。有些目击者提到，那些体积较大的流星体的光芒非常明亮，看起来与太阳一样明亮。那些看起来正在燃烧的"火"其实是发光的等离子体，而不是我们所认为的像火炬燃烧那样通过进行氧化反应而产生的"火焰"。

　　想要改变好莱坞般的燃烧的陨石，以及小行星撞地球的固有印象是一件很难的事，但是无论怎样，来自外太空的岩石是不会燃烧的。首先，它们是来自外太空恶劣环境的岩石，并非那些来自火山的熔岩浆。在这个环境中，流星体在白天吸收来自太阳的能量，又在夜晚时将这些能量释放到太空中。流星体在撞击地球之前会经过大气层几秒的时间。与空气的摩擦只能对流星体的外表造成伤害，使其外表面熔化，这些被熔化的材料在烧蚀过程中脱落，并带走了大量热量。

载人飞船将宇航员送回地球的过程中也发生了同样的事情。在返回的过程中，太空舱的表面温度会达到约5,000°F（约2,760°C），这和流星体所经历过的温度相似。那么在这种情况下，宇航员如何生存？太空舱外部的保护罩会熔化，带走热量，然后脱落，以保护太空舱内的人和物安然无恙。

▲   这张图拍摄于俄罗斯车里雅宾斯克当地时间2013年2月15日上午9:30，一颗直径估计为66英尺（约20米）的流星体在西边的天空中燃烧。这是自1908年以来，人类观测到进入地球大气层最大的流星体。（亚历山大·伊万诺夫［Aleksandr Ivanov］）

陨石穿过地球大气层时的遭遇与流星是一样的，在较低高度上，稠密的空气会使陨石减速。大约在9到12英里（约15至20千米）的高度上，陨石碎片的速度就减为4,500到9,000mi/h（约7,200至14,500km/h）。这个阶段就不再有烧蚀和发光现象了，因为我们无法观测到它们，所以接下来到坠落地面的这段过程被称为"黑暗飞行"。该高度上平均气温为-60°F（约-51°C），陨石碎片也很快会冷却下来。

看上去像火球一样的陨石总给我们一种错觉，似乎下一秒就会坠落到下一座山上，但实际上还有数十千米的距离。实际上，大部分陨石永远不会落到地面上。它们不是被完全烧蚀，就是成为人们找不到的极小的碎片。极少数情况下，个别陨石能到达地面，外表被一层玻璃质地的熔壳所包裹，看起来就像陶器上了釉。熔壳大部分为黑色和深棕色，这是因为陨石在坠落到地面前的最后几秒仍然处于熔化状态。从熔壳只有1至2毫米厚可知，在最后坠落的过程中流星体几乎没有熔化。在黑色的熔壳下，我们可以发现完好无损的原始小行星岩石样本。

▲   在2013年2月，车里雅宾斯克州发生了一起陨石撞击地球事件，形成了大量的陨石碎片。这些陨石有着经过大气层时摩擦、烧蚀产生的黑色的熔壳，以及白色石质的内芯。（斯文·布尔［Svend Buhl］/ 陨石探测 CC BY-SA 3.0）

流星体在进入地球大气层之前，在外层空间的虚拟真空中绕太阳公转。就好像没有大气层的月球会被太阳加热到比沸水还高的温度一样，流星体在地球附近的宇宙真空环境中也会被加热。科学家根据太阳辐射在地球轨道附近的释放量，以及石质和铁质陨石的吸能情况，估算出浅色石质的流星体内部温度约为 26℉（约 –3℃），深色石质的流星体内部温度约为 98℉（约 37℃），而铁质的流星体内部温度是最高的，达到 200℉（约 93℃）。

当然这只是估值，具体的温度还会因为陨石的大小和表面纹理的不同而不同。假设只有流星体的外层在坠落的时候被加热，而在"黑暗飞行"过程中得到冷却，那么铁质的陨石应该摸起来更热（这个温度不足以让它燃烧），而石质陨石的温度应该是从温热到冰冷。关于这两种不同的陨石都有相关的报道：1860 年，坠落在印度杜尔姆萨拉（Dhurmsala）的石质陨石表面已经产生霜冻，而 1886 年坠落在阿肯色州卡宾克里克（Cabin Creek）的铁质陨石则是温暖的，人类可以直接触碰它。

2019 年 2 月 1 日，关于一颗石质陨石坠落在古巴维尼亚莱斯的报道很具有启发性。陨石猎人迈克尔·法默（Michael Farmer）向我们分享了报道，其中关于当地人在陨石坠落后几秒钟内就捡起陨石的描述如下：一个男孩在骑自行车回家的路上，突然被爆炸吓到，一颗重量为 250 克的陨石坠落在他面前的柏油路上，男孩看到它弹跳了一下，然后他将陨石捡起来，但又因为陨石太冰手便将它扔了。接下来还有三个人也发现了这颗陨石，并且都做了同样的事情，那就是将它扔了，因为它实在是太冰了。

坠落到地面的陨石中有 95% 都是石质陨石，正常来说在落地之后，这些陨石应该都是冰冷的，但是还有很多目击者声称陨石是很热的，无法触摸。坠落到地面的陨石的真实温度和我们对它的感知有较大的误差，原因可能是我们对它的感知与我们的期望有关。在你对陨石并不了解的情况下，目击火球一样的陨石坠落，潜意识中会认为陨石具有很高的温度，不敢去触碰它。

所以说期望值和心态问题，有时会带来很多错误的判断。在夜晚，森林中有一些小动静时，你的潜意识会认为这是有危险的动物在接近你，而不去想这有可能只是田鼠在觅食中发出的动静。人类的进化使我们具备了对潜在危险感知的本能，不管这些危险是真实存在的还是凭空想象出来的。

　　很少有陨石能在坠落到地面的下一秒立即被捡起来，所以说我们并不能百分之百地确定陨石落地时的温度。我们所能排除的是坠落到地面的陨石能引起火灾的说法，除非是巨大的陨石在撞击地面时释放出足够强大的能量，这会对周围环境造成破坏。如果你有机会发现一颗陨石的话，请一定要留心自己所看到的、感觉到的、闻到的东西，并告诉我们关于你的故事。

日出时能看见太阳,是真的吗?这是个很愚蠢的想法,因为我们本来就可以在日出中看到太阳,不然的话,那个升起的亮橙色球体还会是什么?如果我告诉你,你看到的只是一种幻觉呢?通常来说,我们并不认为地球大气层是一个棱镜,但是大气层和棱镜是有相同点的,那就是它们都能使光线弯曲。一个玻璃棱镜可以使光线在射入和射出时发生两次折射。彩虹的所有颜色都是由白光分解出来的,只是由于折射率不同,所以白光会折射出不同的颜色。紫色折射率最大,红色折射率最小。当阳光穿过棱镜时,就会因为折射率的不同形成彩虹。

地球大气也可以使光线弯曲。绝大部分的大气都处于距离地面10英里(约16千米)的厚厚的大气层中。当太阳接近地平线时,光线会穿过大气层底部,这是空气最密集的部分。空气密度越大,折射能力也就越强。太阳和月亮在升起的时候看起来并不是圆形,而是椭圆形。这是因为光线穿过大气层时发生了折射,使得折射程度较大的圆盘下半部分被折射抬升,从而变成了椭圆形。在日落接近地平线时,太阳的形状从圆变成椭圆。而在新一轮日出时,太阳的形状则反过来从椭圆变成圆,因为折射程度随着太阳高度的增加而减小。

　　当太阳底部边缘处于地平线上方5°（三根手指在一臂远的地方并拢的高度）时，大气对太阳盘面下边缘的光的折射开始。当太阳底部边缘完全接触地平线时，折射的角度是最大的，从技术角度来说，可以将整个太阳"抬高"。所以实际上在日出和日落时，那一两分钟内是没有太阳的。当日出时太阳刚刚从东方的地平线上爬出，如果此时我们将大气层移除，太阳将消失一两分钟，直到地球继续自转，太阳才会重新回到我们的视野中。

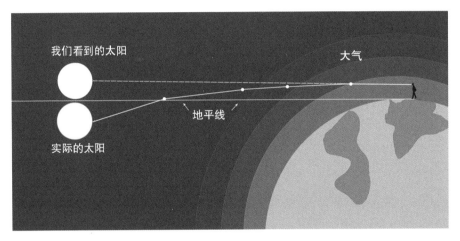

我们看到的太阳

大气

地平线

实际的太阳

▲　　大气也可以像棱镜一样使光线弯曲，在太阳真正升起之前大约2分钟，由于折射的发生，我们会看到被"抬高"位置的太阳，日落时也是一样的原理。（鲍勃·金）

　　大气对太阳光的折射，使得太阳在每天日出和日落时在我们视野中停留的时间都会增加几分钟，加起来白天的日照时长会增加大约4分钟，日出和日落各增加2分钟。在报纸、年鉴以及网站上公布的日出和日落时间，都是已经将折射问题考虑在内，然后得出第一缕阳光直射地平线时的时间。

　　由于树木遮挡的缘故，在我住的地方很少能看到日落，但幸好附近还有一个大湖，有时我会开车去那里看美丽的日出，欣赏第一缕阳光出现在东方的地平线上。每次观看日出，都会让我有种知道惊天大秘密的快感，因为我知道那金色的阳光完全是虚构的，是大气层给我们带来的魔术表演。

　　大气折射现象会影响我们对所有天体的观测，这会使从东方地平线上升起的恒星以及行星提前进入我们的视野，然后在它们要落入西方地平线之前，继续维持几分钟。在月球上，由于没有大气的存在，你可以看见一个不加任何修饰、形状完全是圆形的太阳。虽然火星上也有大气层，但其厚度不到地球大气层厚度的百分之一，所以在火星上看日出和日落时的太阳变形程度较低。对于那些有更厚大气层的行星，大气层对光的折射能将太阳压缩成一个"小扁豆"。很难想象，像大气这种虚无的物质会对天体的外观和可见性产生如此大的影响。

地球是每24小时完成一次自转吗？你肯定是在开玩笑，一天24小时的时间长度怎么可能会出现错误？但事实上，并非完全错误，我们所得出的24小时数值是地球相对于太阳的自转周期。从第一天中午到第二天中午的时间是24个小时。

　　地球相对于固定背景恒星的真实自转周期其实更短一些，仅为23小时56分4秒，这一时间被称为"恒星日"。"恒星"这个词源于拉丁语"sidereus"，意思是"天上"或"与恒星有关"。恒星日与太阳日的差值为3分56秒，也就是说，对于地球上的观察者而言，这个时差是地球自转到太阳处于正午位置需要花的额外时间。

　　之所以需要额外的时间，是因为地球在自转的同时还在绕着太阳公转。地球自转一周只需要一天的时间，而公转一周则需要一整年的时间。我们可以很容易观测到地球的自转，只需要去观察白天太阳从东方升起，再从西方落下，或者晚上天空中的月亮和其他发光天体就可以了。但是我们很难观测到地球的公转，因为看不到太阳在背景恒星的映衬下移动，原因是背景恒星在白天是看不见的。但如果能够摆脱大气层的干扰，我们就可以看见太阳在背景恒星的映衬下缓慢向东移动（与地球自转引起的东西向运动相反），在一年的时间内，太阳在天空中移动的轨迹形成一个完整的圆圈。当然，这看起来像是太阳在移动，但实际上是地球绕着太阳公转。

因此，在每一个恒星日结束时，地球保持面向太阳的唯一方法就是多转一点儿，以弥补公转所造成的视角变化。多转的时间大约为4分钟，将它加入恒星日，恒星日就可以和太阳日持平。如果我们接下来决定使用恒星日作为日常时间，那么我们的时钟很快就会与太阳位置变化的时间不同步。只需要半个公转时间（183天），我们时钟上的正午12:00就变成了晚上12:00，地球再公转半圈之后，指针才恢复正常。就像墙上"可恶"的钟一样，每天只有2次是对的。

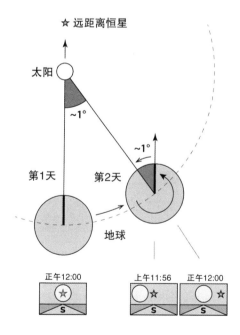

▲　地球在自转的同时也以每天1°的移动速度进行公转。相对于"固定"的恒星，地球需要23小时56分钟来完成一次自转，这个时间便是恒星日。在这张图中，观察者在第一天正午看见了正南的太阳。第二天，太阳在11:56时到达了相同的位置，所以地球每天必须多转4分钟，才能让每天的太阳都处于正午的位置。于是我们使用24小时作为一天，并将其称为"太阳日"。（雄农CC BY-SA 4.0）

很多人都听说过一件事，季节的变化并不是由地球和太阳之间的距离造成的。事实上，在北半球的冬季，与夏季相比，地球与太阳的距离其实近了大约数百万千米。造成季节变化的真正原因是地轴的倾斜角度，这个角度大概是23.5°，类似于你在强风之中身体向前倾斜的角度。在夏天来临的第一天，地轴的北端会和北半球一起向太阳的方向倾斜。这会导致太阳处于天空中更高的高度，给北半球带来更多的热量。而且长而陡峭的太阳轨迹弧线使得太阳需要花费更长的时间来完成日出到日落这个过程，很多人会放弃户外活动，转入空调的"怀抱"。

同时，如果北半球向太阳方向倾斜，那么南半球则离太阳更远了。在南半球，太阳低低地挂在北边的天空中，白天变短了，日照也不强烈，这意味着冬天即将到来。6个月后，南北半球的情况发生对调，北半球会迎来寒冷的冬季，而南半球的人们可以去往海滩。

从表面上看，这听起来好像是地球的地轴先朝一个方向翻转，然后又朝另一个方向翻转，但我们最好希望地球不会做出如此剧烈的变化。要发生一次地轴翻转，需要一颗大型行星以一定的角度和速度撞击地球。这也是天文学家认为的地轴第一次达到现在的倾斜角度的原因。当地球沿着轨道运行时，地轴的北端始终都朝着一个方向，也就是北极星的方向。北极星是北斗七星中最亮的恒星。

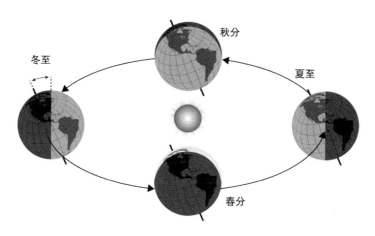

▲　在地球绕着太阳公转时，地轴一直朝着同一个方向。季节变化是由地球在公转轨道上相对于太阳的方向变化引起的。（加里·米德）

因此，季节变化的原因是地球在公转轨道上向太阳倾斜的方向出现了改变。从上图可以看出，地球在轨道上一直绕着太阳运行，地轴指向相同的方向。假设现在地轴的北端处于向太阳倾斜的方向，并指向北极星，那么当地球在公转轨道上继续运行，移动到另一边时又是什么情况，让我们来看一下：地轴的北端和北半球都向远离太阳的方向倾斜。

冬至和夏至被称为"二至点"，也代表着我们的地轴倾斜角度所能达到的极值：完全朝向或者远离太阳23.5°。在这两个极值中间，就是我们所说的"二分点"，各自代表着春分和秋分。在这两个节点，地球不存在哪个半球朝向或者远离太阳的情况。南半球和北半球此时处在一个平衡点上，全世界看到的太阳东升西落的角度相同，白天和黑夜拥有一样的长度，太阳的高度也正适中，介于冬季的最低点和夏季的最高点两个极值的中间。

随着地球公转的继续，白天和黑夜的平衡又被打乱。秋分过后，随着北半球越来越接近冬季，其夜晚时长也在逐渐增加；而在春分过后，北半球白天时长开始增加。

你可能会惊讶地发现，由于太阳、月亮以及其他行星引力的作用，地球的倾斜角度并不是永远固定不变的，而是以41,000年为周期在22.1°至24.5°的区间内变动。地轴倾斜的变化会对季节有很大影响，并可能导致冰期的兴衰。较小的倾斜角度可以使太阳的能量在地球上分布得更均衡，温度就会更平稳。而较大的倾斜角度会使冬夏季的温度更加极端。倾斜角度在公元前9000年达到最大值，随后开始慢慢减小，到11800年时将会迎来最小值。

如果地球不存在倾斜角度，只是垂直自转的话，就不会有季节的变化了。我们只能够体验一个季节，热带地区将永远都是相同温度、云量和白昼时长的夏天。赤道附近的人们将每天都在感受炎热的夏季，正午时太阳永远在头顶的正上方。中纬度地区的人们过的每一天都是春天或者秋天。至于两极地区，那就永远是寒风冷冽的冬季了，不会有我们今天看到的极端天气，甚至于一年365天的白天黑夜的长短都是相等的。

尽管人们经常在抱怨季节变化所带来的极端天气，但是我认为他们对于一成不变的季节应该更厌恶。我们应该感到庆幸，我们的地轴拥有倾斜角度。就跟其他行星一样，我们的地球也是遭遇了各种小行星的轰炸，以及撞击之后才形成今天的地轴。一个或多个小行星撞击了原始地球，并把地球撞"歪"了。其他行星其实也可能经历过这些过程，除了一些垂直自转的行星，像水星和木星，而火星和海王星也有与地球相似的倾斜角度，天王星甚至就"躺"在围绕太阳公转的轨道平面上自转。

倾斜的地轴似乎也没有什么非常特别之处，但是这些偶然事件的发生，使得我们现在生活在一个拥有多样化气候环境的地球上。

意大利的天文学家伽利略·伽利莱（Galileo Galilei）在他的自制望远镜的帮助下，为人类做出了很多伟大贡献，使得人类对行星、月球、太阳以及银河系等天体有了更深层次的了解，所有的这一切都会给我们造成一种错觉，那就是望远镜是伽利略发明的，但事实并非如此。他只是在原有的望远镜的基础上加入了自己的想法，使得这些望远镜有了更多的用途。他自己建造的第一台望远镜是以1609年在巴黎和欧洲其他地方出售的三倍望远镜为模型的。

望远镜真正的发明者可能是来自荷兰的眼镜制造商汉斯·利伯希（Hans Lippershey）。据说他先是将凸透镜放在管子的一端，随后又在另一端放上凸透镜或者凹透镜，从而发明出可以将东西放大3倍的仪器。1608年10月2日，汉斯·利伯希向荷兰议会申请了关于"可以使远处事物放大，就像是在眼前"的荷兰式透视玻璃仪器的专利。他的申请没有得到批准，因为还有雅各布·梅修斯（Jacob Metius）和扎卡里亚斯·扬森（Zacharias Janssen）两名眼镜制造商和他竞争这个专利。而且来自荷兰国务院的官员提出，这个仪器设计非常简单，太容易制造出来了，很难申请专利。政府还给了汉斯·利伯希一大笔资金用来复制他的仪器。随后在1611年，来自希腊的数学家乔凡尼·德米西亚尼（Giovanni Demisiani）创造出了"望远镜"这个词，于是望远镜就出现了。

1609年7月下旬，来自意大利的物理学家和数学家伽利略第一次听说了这项新技术，并很快发明了一种自己的望远镜。伽利略声称他的设计是基于"折射定律"，但似乎更有可能的是，他与其他人进行了交流，并会见了能够详细解释这个设计的人。

对于镜片的打磨以及抛光，伽利略可以说得上是一个大师了，所以他很快就对望远镜进行了改造，使其符合当时最先进的科技水平。伽利略的下一个望远镜已经达到了8倍（有些资料说是9倍）的放大倍数，之后达到了20倍，最后达到了前所未有的30倍。

▲　这是绘制于1754年的一幅作品，伽利略正在向威尼斯首席行政官莱昂纳多·多纳托（Leonardo Donato）以及威尼斯参议院（Venetian Senate）介绍他的望远镜。（H.J. Detouche）

他的手工望远镜是艺术品，但以今天的标准来看，它们提供的图像很差。

由于受到光学缺陷像差的干扰，它们提供的图像都会产生扭曲和色差。并且该望远镜的视野极小，简直就像是在通过一根喝汽水用的吸管往外看。我们可以想象伽利略为了绘制月球的图像付出了多大的努力，因为他必须将他所看到的多幅图像拼凑在一起。

1609年8月24日，伽利略向意大利威尼斯的参议院展示了放大8倍版本的望远镜，这时距离他改造完第一台望远镜还不到一个月。他聪明地提出，利用望远镜可以更快搜寻到海上敌人的身影，这个性能给参议院留下了深刻的印象，参议院授予他帕多瓦大学（University of Padua）数学教授的职位，并且薪资翻倍。

伽利略是一个很擅长自我推广，以及处理公共关系的专家。他声称自己靠直觉设计了望远镜（这是有争议的），并且可以将它升级为最好的版本（这是真的）。也就是通过这种方式，伽利略使得参议员们都普遍认为望远镜就是他发明的。因为参议员们的想法，以及伽利略坚称望远镜是自己设计的，所以真实的故事被混淆了。再加上这位教授创造了一系列天文学"第一"，彻底地改变了人们对地球在宇宙中位置的看法，所以现在还是会有人认为伽利略才是发明望远镜的人。这也是很正常的。

▲　图为伽利略望远镜的复制品。（国立莱奥纳多·达·芬奇科技博物馆[Leonardo da Vinci National Museum of Science and Technology]，米兰）

伽利略凭借着惊人的经商能力，将望远镜销售给威尼斯的商人以及其他人，与此同时，还开始用望远镜研究天体。他是第一个观测到木星周围4颗卫星的人，这也就是我们所说的"伽利略卫星"，他还发现了金星的相位。除此之外，他对土星和太阳黑子也有所研究，揭开了银河系神秘的面纱，让我们对银河系有了更多的了解。

长久以来，人们普遍认为月亮是一个非常完美的球体。1609年11月，伽利略第一次看见月亮的时候一定感到很震惊。因为月亮的表面没有想象中的那么光滑，而是凹凸不平的，看起来就像是地球上崎岖的山谷。在人们的脑海中，天体应该是完美的，但月亮并不符合，也许其他的行星也并不是人们所想的那样。几乎一夜之间所有的一切都发生了改变，天体不再是完美的。望远镜的出现使得人们意识到月亮和其他行星都与地球没有差别。这个小巧的黄铜管装置激发了多么大的意识转变啊！

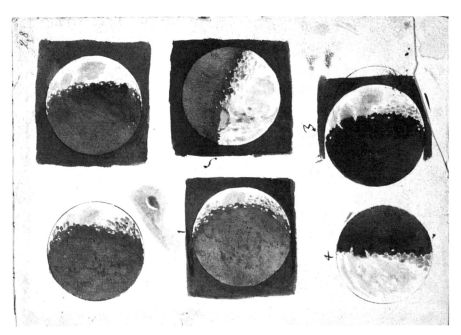

▲   在1609年的秋天，伽利略在自制望远镜的帮助下绘制的天体观测草图。

你也有可能听说过关于伽利略是使用望远镜研究太空的第一人的故事，

但事实并不是这样的。来自牛津大学（University of Oxford）的历史学家艾伦·查普曼（Allan Chapman）发现，伽利略并不是第一人，早在1609年7月26日的时候，来自英国的天文学家和数学家托马斯·哈里奥特（Thomas Harriot）就已经用他的新型6倍的"荷兰特朗克"望远镜对月球进行了观测，并画了一张标注了日期的草图，比伽利略用望远镜观测太空还早了几个月。但是托马斯·哈里奥特并没有发表过他的画，也没有强调过他的主张，但这些证据可以表明托马斯·哈里奥特才是用望远镜研究太空的第一人。

伽利略既不是望远镜的发明者，也不是用望远镜研究太空的第一人。但他很适合做科研，因为他会记录自己所见到的一切，并在此基础上提出假设，然后通过书籍、演示、演讲等方式和他人进行交流与分享。也正是因为他对科研的精心投入，我们才对这个被称为"家"的宇宙有了更多的认识。

在天文网站和书籍中出现的美丽星空的图片是否让你有种想要购买望远镜的欲望？事实上，我也被这些图片吸引了。所以有很多的购买者希望自己在使用望远镜观测太空的时候，也能够看见这些美丽的景象，但我建议谨慎行事。相机之所以能够完美地拍摄到星云和星团令人炫目的细节和颜色，是因为相机可以在曝光的过程中收集那些暗淡天体发出的微弱光线，并将其转化为明亮、富有色彩的照片。对于这一点，我们的肉眼是无法做到的，我们可以实时看到事物，但再多的凝视也不会使它看起来更亮。

我们还是有一些小技巧可以使得那些暗淡的天体暂时变得明亮的。人类的视网膜中有两种不同的感光细胞：一种是用于色觉的视锥细胞，另一种是用于黑白夜视的视杆细胞。视锥细胞处于视网膜中心，在白天工作，而视杆细胞无法感知颜色和细节等，但能够在黑暗环境中感知到物体的运动。

为了让距离视网膜中心较远且比较密集的视杆细胞实现效能最大化，天空观察员会使用他们的周边视觉。这种方法被业余爱好者称为"眼角余光法"。如果你并不是直视物体，而是看它的"周围"，让光线落在视杆细胞最密集的位置。这样的话，物体明亮度就会瞬间得到提升，我们也能够看得更清楚。在使用望远镜的时候,眼角余光法的最佳应用是用右眼看的时候角度偏右一些,左眼也是一样的道理,而且这种办法还可以让你的眼球来回滚动从而刷新视野。

▲ 这是著名的"创造之柱"（Pillars of Creation）图像,也就是鹰状星云（Eagle Nebula）中满是尘埃的"手指",是哈勃太空望远镜拍摄的很有标志性的图像。"创造之柱"由尘埃和气体组成,其高度为5光年。每个卷须的深处都有正在诞生的天体。（美国国家航空航天局,欧洲航天局,哈勃遗产团队[Hubble Heritage Team,太空望远镜研究所/大学天文研究联合组织]）

　　除了明亮多彩的且在图片中看起来比较小的行星之外,望远镜能看到的天体在第一眼看来都像是灰色的绒毛。这些现象也出现在观测彗星、星系以及星云时。但当你花费更多的时间来仔细观察时,就会发现更多被掩藏起来的细节,直到发现每一个天体独一无二的美。

　　你会发现星系中有精致的旋臂,而星云的外形看起来像花朵、猫眼以及马等。有一些甚至显示出淡淡的色彩,例如淡蓝色、绿色还有红色,你还会发现很多藏起来的恒星,这些都使得这个场景看起来更加美好。虽然相机可以拍摄到很多肉眼看不见的细节,但拍不出肉眼可以感知到的动态感。借助望远镜的观察者能够同时看到星云中明亮和昏暗的部分，但是相机却不可以，相机经常会为了更好地显示暗部细节而使明亮的部分过度曝光。因此，生物有它独特的优势。

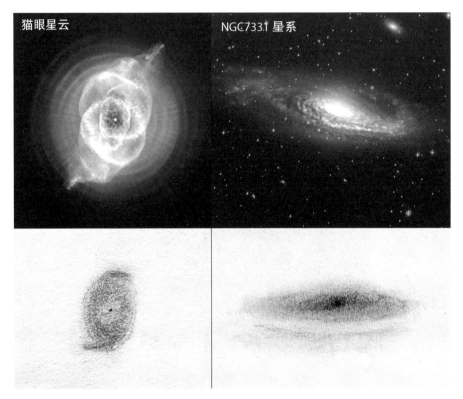

▲　和业余望远镜拍摄的照片相比较，由专业望远镜所拍摄的NGC7331星系会更加清晰，且人们能够从中看到更多细节。人们在绘制这些草图的过程中使用了15英寸（约38厘米）直径（相当大）的反射镜。从视觉角度来看，除了行星和月亮，其他的物体都是比较微弱模糊的。即便如此，这些小问题并没有让观测变得无趣。（从左上角按顺时针方向依次是：美国国家航空航天局、欧洲航天局、HEIC和哈勃遗产团队 ［太空望远镜研究所／大学天文研究联合组织］；美国国家航空航天局／加州理工学院喷气推进实验室／ M.里根 ［M. Regan，太空望远镜研究所］、SINGS团队／丹尼尔·布拉米茨 ［Daniel Bramich］和尼克·希马内克 ［Nik Szymanek］；鲍勃·金；鲍勃·金）

　　我们通过望远镜看到的图像与照片中的图像会有一些细微的差别，想要看到这些差别，你需要花费更多的时间来练习。你要记住的是：在观察中最重要的一点是，你看见的天体是真的，而不是那些复制品。当你瞥见距离我们几百万光年的星系时，即使只是一个模糊的影子，那它也是你和数十亿颗"太阳"产生的光之间的直接联系。视网膜会将这些收集成像，然后发送到你的大脑，大脑会将它转化为神奇的生物电信号被我们感知。这或许就是一种奇迹。

应该指出的是，除了行星之外，还有一些天体看起来也不是模糊昏暗的，比如像昴星团（七姐妹星团）这样的开放星团就是明亮的，它将数十个到数百个恒星聚集在一起，形成一幅吸引人的画面。由几十万颗恒星组成的球状星团在第一眼看过去时也是模糊的，但是在仔细观察之后，你就会发现它看起来就像是在一块黑色的桌布上撒满了像糖一样的恒星。

接下来就是月亮，它是唯一一个看起来与照片相同，或者说比照片更好的夜间研究对象。我是如此热爱月亮，以至于可以耗费一生的时间来观测它。月亮之所以与众不同，是因为它离我们太近了。在不用任何大直径或者高放大倍率的望远镜的情况下，你都可能对你所看见的关于月亮的一切感到震惊。你有观察不尽的环形山、裂谷、碎岩山和熔岩平原。

那些带有目镜以及物镜的直径为2.5到4英寸（约60至100毫米）的小型望远镜，在对行星、月亮以及明亮一点儿的星团进行观测时能够产生很好的效果，但对于观测星云和星系来说，就完全不起作用了。大部分的星云和星系的光都非常微弱，观测它们需要使用直径为6到10英寸（约150至250毫米）的镜头，这样才有更好的聚光能力。大型望远镜能够很好地捕捉明亮星云的结构和色彩、星系的旋臂，以及比较微弱的类星体（巨大的黑洞正在吞噬那些来自遥远星系的恒星和气体）之类的遥远天体，但是这些大型望远镜通常价格不菲而且还很笨重。你需要拖着观测设备到处走，它们携带起来可能不会像小型望远镜那样方便。

不论你想买哪种望远镜，都不要对彩色视图抱有过高的期望。你要想的是你会耗尽一生的时间用它来观测星空，它存在的最重要的目的就是观测。了解你所想看到的天体后，你会发现业余观测和专业观测之间有很大的区别，就好像我的大女儿凯瑟琳（Katherine）曾经说过这么一句话："看起来全都是灰色的绒毛，但我就像疯了一样，特别想知道它们底下还藏着什么东西。"

外表和模糊的语言都具有欺骗性。迄今为止，国际空间站已经在地球轨道上运行了20多年。你可能在电视中看到过宇航员在太空舱中四处飘浮，或倒立着拍照，或者大口吞下悬浮着的水珠。由于空间站内是一个失重的环境，所以所有物体都需要被固定住，不然就会飘浮起来。

对于我们这些永远生活在地球表面的人来说，引力的概念就是重力。从椅子上站起来的那一刻，我们需要用肌肉向地面施力来平衡使我们保持在原地的重力。如果你越重，那么平衡重力所需的作用力就越大。而在一些大质量的行星上，这个过程可能会变得更加困难。比如说你在地球上只有150磅（约68千克），但在木星上，会增加到351磅（约159千克）。你可以在脑海中想象一下，以这个体重从沙发上站起来是多么艰难的一件事。

重力也就意味着重量，所以看起来好像零重力就代表着零重量，但事实上，这两个是完全不一样的概念。当你在体重秤上测体重的时候，其实体重秤并不是真的在测量你的体重，而是在测量体重秤产生的作用于你脚部的向上支撑力，这个支撑力是用来平衡地球对你作用的向下的引力，从而在体重秤上显示出被我们称为"体重"的数字。

当你的身体没有支撑力的时候，失重的现象就会出现。在你自由落体的过程中将没有任何"阻碍"。在地球上，我们感到地面在将我们向上"推"，使我们无法在重力的作用下自由落体到地球中心。如果你想知道自由落体是什么感觉的话，可以从门廊上跳下去，在接触地面之前，你都是处于自由落体的状态的。

宇航员以及太空舱中的一切物体，实际上一直都处于自由落体的状态，没有任何的外部作用力可以产生重量感。他们唯一能够感受到的作用力，就是来自地球的引力，这个引力会将他们拉向下方250英里（约400千米）的地面。

▲　宇航员卡迪·科尔曼（Cady Coleman）在国际空间站——一个失重的环境中演奏长笛。（美国国家航空航天局）

如果是这样的话，为什么空间站并没有因为引力而坠落下来呢？这是因为飞船在轨道上的行驶速度极快，产生的离心力抵消了地球的引力。在速度可以抵消引力之后，飞船就可以永远在轨道上围绕着地球旋转，而且不用担心它会撞击地面。国际空间站以17,150mi/h（约27,600km/h）的速度行驶，这个速度大约是声速的22倍。由于轨道高度较高，几乎没有大气干扰，所以航天器受到的摩擦和阻力都很小。只有在宇航员需要启动空间站的推进器的时候才会"刷新"轨道，否则它就一直处于绕地球运行的状态中。如果航天器突然停止（这是不可能发生的），那么所有的物体都会直接坠落到地面上。前进的速度可以使一切都变得不一样，这也就能够解释为什么火箭需要燃烧大量的燃料，才能够将探测器发送到安全并且稳定的轨道上。

由于空间站运行的轨道高度距离地面大约有250英里（约400千米），所以在那里的物体受重力的影响会比在地面上小很多。宇航员在轨道运行过程中是失重的，但假设说飞船停止飞行，然后将他们的双脚放在体重秤上，会发现相较于在地球上的重量，他们现在的重量大概轻了11%。你知道是什么原因导致了这个结果吗？因为他们所处的位置离地球更远，所以感受到的引力也更小了。也就是说，太空旅行者进行冒险的地方离地球越远，比如说去月球执行任务，那么他们的重量就会越轻。但是不管距离有多远，即使有几百万千米，所有人和物都还是会受到来自地球微弱的引力的吸引。

▲   斯蒂芬·霍金（Stephen Hawking），著名的理论物理学家和宇宙学家，在2007年时在零重力公司（Zero Gravity Corp）的飞机上体验失重的感觉。（吉姆·坎贝尔[Jim Campbell]，航空新闻网）

　　引力可能不是特别强大的作用力，但它是普遍存在的。假设你与月球或者行星之间的距离翻倍，那么天体对你的引力大概会降至原来的四分之一。虽然引力会随着距离的增加而减少，但永远都不会变为零。就算在银河系的另一端，如果你有精密的仪器，那么从理论角度来说还是可以测出来自地球的引力值。太空中的所有物体都可以感受到其他物体的引力，但是假设你距离地球非常遥远，比如飞出了地月系，那么你实际上是失重的，因为引力实在是太微弱了。举个例子，太阳的总质量是地球的333,000倍，但是由于距离太远，它的引力只有地球引力的0.0006倍。

　　我们大多数人都经历过电梯的失重感。当电梯在加速上升时，由于地板向上的推力，我们会感受到自己变重了，相反，在电梯加速下降时，我们会感觉自己变轻了。如果缆绳断裂的话，那么所有人以及电梯都会在重力的作用下以35.2ft/s²（约9.8 m/s²）的加速度进行自由落体运动。这和在空间站内十分相似，所有人都在做自由落体运动。

▲　美国国家航空航天局的呕吐彗星KC-135飞机，正在进行宇航员的失重模拟练习。（美国国家航空航天局）

美国国家航空航天局利用呕吐彗星号飞机模拟了失重的环境，以此来训练宇航员们在太空中生活。他们让飞机飞到一定高度之后向地面俯冲，以此来创造失重的环境。美国国家航空航天局之前使用的是波音KC–135空中加油机来模拟失重环境，与零重力公司签约后，改用经过改装的波音727飞机。如果你也想体验一下失重感的话，可以支付4,950美元以及额外5%的税费（2019年年初的价格），体验20至30秒的失重感。

当然，我们还有一些更为简便、便宜的方法可以体验自由落体。如果你觉得跳门廊无法满足你的话，可以去尝试一下跳伞。在拉动绳索释放降落伞之前，好好感受一下失重吧！

和空间站的原理一样，月球被地球吸引，地球被太阳吸引，但是无论怎样，它们的移动速度都会使得自己好好待在轨道上，并不会出现互相碰撞的场面。

就像在空间站上的宇航员相对于地球而言，地球相对于太阳也是质量很小的。所有东西都有质量，因此都会受到引力的影响，尤其是那些质量更大、距离更近的物体，需要承受更大的引力作用。太阳的质量占太阳系总质量的99%，所以关于太阳可以毫不费力地"抓住"八大行星、无数彗星和小行星的观点是对的。当然你和我也都有质量：我们都心甘情愿被这个水蓝色的星球俘虏。

在美国有一个家喻户晓的传闻，美国国家航空航天局在许多年前曾用纳税人的钱投资了120亿美元来打造一款能够在失重的环境下进行书写的钢笔，而苏联使用简洁实用的铅笔就可以做到这一点。美国国家航空航天局可真蠢，难道不是吗？当所有人都在声讨政府在有更便宜的铅笔替代物的情况下多花了冤枉钱的时候，我们要知道这件事情并没有发生，这只是一个传闻。

一开始，美国国家航空航天局的宇航员们就已经用过铅笔了。在1961至1966年的双子座计划中，美国国家航空航天局在1965年从泰康工程制造公司（Tycam Engineering Manufacturing）购买了34支单价为128.89美元的自动铅笔。这个消息的发布使得人们愤怒异常，因为以2019年的美元汇率计算，这等同于1支铅笔要花费1,000多美元，实在是过于昂贵了。美国国家航空航天局受到无数的谴责之后，将购入的铅笔退回，并重新购买了一些较便宜的铅笔。

但是铅笔也同样存在问题。那就是铅笔上的木头会脱落，其尖端很容易被折断并飘浮在太空舱中，还有可能进入宇航员的眼睛或者鼻子，甚至会进入电子设备,使其短路。而且橡皮、铅笔的木质笔杆以及铅芯中的石墨是易燃的。更糟糕的是,石墨具有导电的特性,在太空舱这样一个富氧的环境中很容易导致宇航员触电。

苏联人使用能在塑料板上进行书写的油性铅笔来代替木质铅笔,但发现油性铅笔并不耐用。而普通的钢笔同样也需要重力才能使墨水流动,显然在这种失重的环境下也不能使用。那到底要怎么办呢?

费希尔笔公司(Fisher Pen Co.)的创始人保罗·C.费希尔(Paul C. Fisher)决定自己出资100万美元(不涉及美国国家航空航天局的资金)来设计一款太空笔。终于在1965年的时候,可以在太空中使用的AG–7"反重力"圆珠笔出世了,该公司为此申请了专利。AG–7太空笔配备了装有氮气的加压墨盒,使其能在失重的环境下进行工作,可承受的温度为–50°F到+400°F(约–45℃到205℃)。AG–7太空笔的墨水是半固态液体,其稠度和凝胶相似,当笔在纸张表面进行书写时,其墨水会变成流畅的液体。

▲   费希尔AG–7太空笔的模型,该笔在1969年向外销售,单价为6美元,曾被美国国家航空航天局和苏联的宇航员采用。(CPG 100 / 维基百科 / CC BY-SA 3.0)

费希尔在设计出AG–7太空笔之后,与美国国家航空航天局的工作人员进行了商洽,但因为最开始的高价太空铅笔之争,使得美国国家航空航天局的工作人员对此犹豫不决,直到1967年他们才购买了AG–7太空笔。美国国家航空航天局经过严格的测试和数次的调整, 选择用魔术贴将笔固定在航天服以及墙壁上, 并在阿波罗任务中使用了这些太空笔。据美联社1968年2月的报道, 美国国家航空航天局以单价6美元的价格购入了约400支太空笔 (按照2019年美元汇率计算, 其单价为45美元)。这是一笔很不错的交易。

1969年2月, 苏联也从费希尔笔公司购买了100支太空笔以及额外1,000个墨盒用于联盟号太空飞行, 以取代他们曾经使用的油性铅笔。在国际空间站上, 到现在都还有人在使用AG–7太空笔, 虽然他们喜欢将它和别的笔混着用。像来自美国国家航空航天局的宇航员克莱顿·C.安德森 (Clayton C. Anderson)就喜欢使用红色太空笔以及自动铅笔。虽然自动铅笔还是时不时断铅, 但因为现在空间站的通风系统功能非常强大, 其清洁空气的能力可以保证不会发生任何事故。

▲   来自阿波罗7号任务中的宇航员沃尔特·坎宁安 (Walter Cunningham)在任务中使用费希尔AG–7太空笔。(美国国家航空航天局)

这支太空笔在阿波罗11号任务中扮演了极为重要的角色, 这是人类第一次登上月球。继尼尔·阿姆斯特朗 (Neil Armstrong)踏上月球的土地之后, 巴兹·奥尔德林 (Buzz Aldrin)成为第二个登上月球的人。他在自己的著作《荒芜大地》(*Magnificent Desolation*)中提到, 如果没有太空笔的存在,那他和他的同伴尼尔都没有办法离开月球，回到地球上。

　　因为在他们准备离开时，奥尔德林发现启动着陆器上升阶段的断路器开关已经被折断了，这也就意味着他们无法离开月球，他将这个情况通知了休斯敦任务控制中心。但在第二天，他灵光一闪想起了太空笔的存在，于是将笔插入断路器的开关中，一会儿之后，断路器开关重新通电了，他们终于可以回到地球上了。剩下的就是历史了。奥尔德林仍然保存着那支笔，还有那个断路器的开关。

月 球 ●

在我 15 岁那年，阿波罗 11 号成功登月的消息让我激动不已，我怎么也想不到 50 年后会有人坚持认为美国人的登月从未发生过。尽管这些人只是少数，但足以混淆视听。1969 年 7 月 20 日，美国东部时间晚上 10:56，尼尔·阿姆斯特朗踏上月壤（月面泥土的术语）。那时我住在芝加哥郊区，在地下室里通过黑白电视机观看了登月的直播。为了不让这个"第一次"消失在历史中，我在电视机前支起三脚架，将我的 Argus C-3 相机对着屏幕，用 Tri-X 胶卷拍下了这幅模糊的黑白画面。

我小的时候正值这项太空计划[1]的施行阶段。和许多孩子一样，我也曾梦想成为一名宇航员。在等待成为宇航员的机会轮到我时，我定期给美国国家航空航天局写信，要求他们提供有关外层空间的免费文献。之后我收到了带有官方回信地址的牛皮纸信封，信封里面装满了小册子、宇宙飞船的照片，以及驾驶这些飞船的宇航员的照片。我最喜欢坐在后院的一棵枫树上进行阅读。我会爬到树枝中间一块属于我自己的"风水宝地"，因为那里离天空更近一些。

1　即阿波罗计划。——译者注

20世纪50年代中期，美国和苏联为了争夺外层空间的主导地位而展开了一场太空竞赛，阿波罗计划正是在这一背景下诞生的。看到美国起步晚、火箭故障多发后，许多美国人认为他们在这场竞赛中落后了，因此时任总统肯尼迪想取得一项能够恢复美国在太空领域的优势的成就。他设定了一个大胆的目标，唤起了美国人的开拓精神。1961年5月25日，肯尼迪在国会上提议，美国"应致力于在20世纪60年代结束之前，实现将人类送上月球并安全返回地球的目标"。

人们听到号召后开始投入工作。阿波罗计划在鼎盛时期雇用了40万美国人，其中包括火箭设计者、火箭制造者、宇航员训练者、科学家和办公室职员。尽管遭受了众多挫折和磨难，这项庞大的工程最终还是按时完成了，肯尼迪的愿望实现了。

▲   1969年7月，阿波罗11号宇航员巴兹·奥尔德林（Buzz Aldrin）在静海基地（Tranquility Base）安装了无源月震勘探仪（Passive Seismic Experiment）。这是月球上第一台月震仪，用于探测月震。太阳能电池板为这台仪器供电。（美国国家航空航天局）

报纸和电视从各个方面报道了七次登月任务,包括险酿悲剧的阿波罗13号飞船,它的部件发生了爆炸,迫使宇航员提前结束了任务。记者们报道了宇航员返回地球时落在海洋上,太空舱和全体成员被接回的场景。驻扎在运送宇航员回家的船上的媒体通过直升机记录了宇航员到达时的情形,这些照片、故事和影像占据了全球范围内的杂志、报纸和电视屏幕。

遗憾的是,肯尼迪总统没能见证自己目标的实现,但许多人都见证了。美国人永远忘不了这一历史性时刻,忘不了见证成功登月时的自豪感与优越感。

共有12名宇航员曾在月球表面行走或跳跃(月球的低重力使跳跃更轻松),他们拍摄了数千张照片,采集了842磅(约382千克)的月岩样本,竖起了旗帜,驾驶了电池供电的"月球车",甚至安装了用来拍摄天体的紫外望远镜。美国国家航空航天局让宇航员们努力工作,但他们也有轻松的时刻。比较有名的是,阿波罗14号的艾伦·谢泼德(Alan Shepard)在月球上使用特制的6号铁杆打出了两颗高尔夫球。

在完成1969年7月到1972年12月的六次任务后,阿波罗计划被终止了。原因之一是成本太高。把人送上月球需要花很多钱,而且美国已经实现了肯尼迪提出的取得太空时代标志性成就的目标,为什么还要继续证明已经达到的实力呢?但他们不能对科学家这么说。科学界曾抗议得到的月壤太少了,但美国国家航空航天局还是放弃了这个计划,转而投资了其他优先的项目,如第一个环绕地球的空间站——太空实验室(Skylab)。

从20世纪70年代中期开始,一些个人和团体开始指责美国国家航空航天局伪造月球登陆,他们声称一些照片存在矛盾、送宇航员登月的费用过高不可能实现,并误认为地球的范艾伦辐射带(Van Allen radiation belts)中的辐射会杀死任何试图离开地球轨道的宇航员。一些人还声称是美国国家航空航天局在地球上的电影制片厂利用灯光和道具巧妙地拍摄了这一切。

　　诸如此类的看法通常源于对官方组织的普遍不信任，更糟糕的来源是通过诋毁他人的成就来抬高自己身价的欲望。但是，伪造一件涉及公司、大学和政府等2万家机构工作的40多万人，并持续10年的事可能发生吗？全球媒体的完整记录又如何伪造呢？即使是美国的竞争对手苏联也承认登月成功。他们完全可以宣称"都是假的！"，但并没有这样做，因为他们知道这是明摆着的事实。

　　信任的缺乏可能是导火索，但对科学原理的误解和对证据的有意忽视让这种争论持续了50多年。根据维基百科，民意调查显示有6%到20%的美国人不相信登月真的发生过。你可能不属于不信任者，但读到网上的错误信息后可能会有疑问，或者只是想了解更多信息。总之你来对地方了。

▲　　1969年2月，土星5号（运载阿波罗11号飞船的火箭）的S-1C助推器在美国国家航空航天局肯尼迪航天中心（Kennedy Space Center）航天器装配厂房（Vehicle Assembly Building）里待命。（美国国家航空航天局）

我从读到过的一些文章判断，似乎只有亲自站上月球才能让怀疑阿波罗计划的人相信美国人曾去过那里。考虑这样一种情况，美国南北战争时期的人没有活到今天的，但我们仍然相信战争发生过，因为它被全面记录了下来，也有博物馆和私人收藏的大量实物证据来证明这一点。当时报纸报道战争的方式和报道阿波罗计划的方式一样的跌宕起伏。我们可以看到南北战争的纪念碑、墓地和战争器械，但与之不同的是，我们绝大多数人都无法乘坐火箭登上月球，去看宇航员留下的着陆器、设备和足迹。这只是说我们很难接触到这些东西，并不能降低它们存在的真实性。如果有人只是因为没有亲眼得见就怀疑事物的存在，那么他们得去否认更多历史，比如飞往太阳系其他七颗行星及冥王星的宇宙飞船。

如果你否认阿波罗计划，那为什么不把其他所有你无法亲自验证的事情都否认掉呢？虽然我和你永远不可能亲眼见到好奇号火星探测器或阿波罗计划的宇航员留下的脚印，但可以在网上或公共图书馆随时查看、研究宇航员或那些机器使者收集到的照片和数据。

从某种意义上讲，阿波罗计划的真实性比其他历史事件更高，因为许多参与这项计划的人都还健在，包括一些在月球上行走过的宇航员。记者可以像对那些在美国南北战争中幸存并活到20世纪的士兵一样，通过电子邮件或电话联系一位亲历者进行采访，让他们分享很久以前的故事。

早在2000年，我有幸见到宇航员哈里森·"杰克"·施密特（Harrison "Jack" Schmitt）和同行的宇航员吉恩·塞尔南（Gene Cernan），他们二人在执行最后一次阿波罗登月任务时在月球上度过了75个小时。我问哈里森，登月若干年后他仰望月球时有怎样的想法。他微微一笑，说："它仍然吸引着我。"

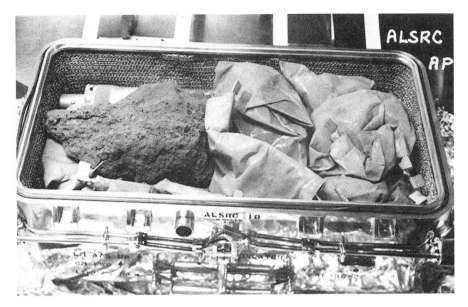

▲　第二个阿波罗月球样品返回封装箱（Apollo Lunar Sample Return Container, ALSRC）中可以看到阿波罗11号宇航员收集的各种岩石。（美国国家航空航天局）

还有很多证据证明美国人登上了月球，我为你准备了一份清单。请将它备在手边，若否认美国人登月真的发生过的人来到你面前就拿给他们看。

美国人确实登上月球的10条权威证据

1. 岩石！美国人拿到了岩石。执行阿波罗计划的宇航员从六个不同的着陆点一共带回了2,200份、质量842磅（约382千克）的月岩、沙砾、月尘和岩核样品。所有这些样品主要都存放在得克萨斯州休斯敦的约翰逊航天中心（Johnson Space Center）月球样品实验室（Lunar Sample Laboratory Facility）中。此外，苏联的三次探测器登月任务也从月球的其他三处着陆点带回了约0.75磅（约340克）的样品。每年大约有400份样本被分发给世界各地的科学家用于项目研究。

想借来一份样品吗？在美国的话，如果你在学校工作，可以访问curator.jsc.nasa.gov/education/public_display.cfm，试着申请样品用于教育，其他人也可以申请样品用于博物馆或天文馆的公开展览或举办特殊的活动。

2. 当今人造卫星用激光测高绘制的月面图与宇航员当时在月球上相同区域拍摄的照片完全吻合。美国国家航空航天局的月球勘测轨道飞行器（Lunar Reconnaissance Orbiter，LRO）将一束激光分解为五束射向月球表面。由于月面的粗糙程度和高度不同，反射回飞行器的光会反映不同的信息以及有不同时间的延迟。这些测量数据提供了整个月球精确的三维表面高度，精确程度可达3英尺（约1米）。

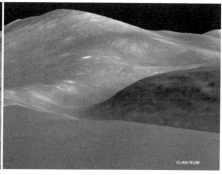

▲ 左图是1971年8月2日阿波罗15号宇航员在哈德利沟纹（Hadley Rill）着陆点拍摄的照片。右图是2008年日本的月亮女神号环月飞行器利用同一地点的图像和高度数据重构的图片。两张图实际上是一样的。月亮女神号的镜头只能分辨出比33英尺（约10米）宽的物体，所以其重构的照片缺少阿波罗号带来的照片的细节。（美国国家航空航天局[左]，日本宇宙航空研究开发机构[右，Japan Aerospace Exploration Agency，JAXA]）

3. 日本的月亮女神号飞行器于2007到2009年在环月轨道上运行。使用类似的装置与摄影技术结合，能够生成非常详细的月球景观。日本宇宙航天研究开发机构的工程师仅使用月亮女神号的数据，就绘制出了仿佛站在阿波罗15号着陆点看到的月面数字图像。它与1971年7月宇航员吉姆·欧文（Jim Irwin）拍摄的照片完全吻合。

4. 如果阿波罗号登月是伪造的，那么苏联人估计会抓住这个千载难逢的机会做些文章。他们没有，事后也从未想过这样做。

5. 英国卓瑞尔河岸天文台（Jodrell Bank Observatory）的团队使用50英尺（约15米）的射电望远镜监测到了阿波罗11号的鹰号着陆器降落到月球

表面时发生的无线电信号。图表纸上的读数实际上显示了尼尔·阿姆斯特朗手动控制着陆器的时刻,这是他为了找到一个更平稳的着陆点而做出的快速反应。该团队还捕捉到了着陆器降落的那一刻。

6. 阿波罗11号、14号和15号的宇航员在月球表面安装了名为"角锥棱镜"(corner-cube prism)的后向反射器。阿波罗11号留下的棱镜阵列由100块棱镜组成,排布在一个2英尺(约61厘米)宽的面板上,面板则朝向地球。天文学家在地球上向阵列射出激光,然后测量光反射回望远镜所需的时间,从而得出到月球的距离,精度可达几英寸。几十年来一直有人向这些阵列发射激光。麦克唐纳天文台(McDonald Observatory)的27.5英寸(约0.7米)直径的望远镜直到今天还在定期向这三个阵列发射激光,三个阵列分别在阿波罗11号着陆的静海、阿波罗14号着陆的弗拉·毛罗环形山和阿波罗15号着陆的哈德利沟纹。多亏这些反射器,我们才知道由于与地球的潮汐相互作用,月球正以每年1.5英寸(约3.8厘米)的速度缓慢远离地球,也知道了月球可能有半熔融的核。

▲　1971年1月31日,阿波罗14号的月球测距后向反射器(Lunar Ranging Retro Reflector)被放置在月球表面。在撰写本文时,它仍在不断从月球传回数据。(美国国家航空航天局)

7. 从月面上拍摄的照片里的天空没有恒星。大多数人会以为在漆黑的月球上看向天空会出现许多恒星。没有大气削弱星光,恒星应该比在地球上看到的更亮,是吗?虽然恒星看上去确实亮了一些,但所有这些照片都是宇航员在阳光下拍摄的,他们设置的相机参数和在地球上晴天时设置的参数相似。由于月球和地球与太阳的距离几乎相同,所以两个天体接收到的光的量也相同。

在阳光充足的情况下,一般的相机只会设置远小于1秒的曝光时间,在这么短的时间内不可能拍到恒星,若想拍到至少需要几秒甚至更长的时间,尤其是在使用当时的慢速胶片时。长时间曝光的话,不仅需要三脚架,而且会使阳光下的景观完全过度曝光。

8. 月球车车轮扬起的尘土以不同于地球的方式落回月面,因为月球没有大气层,且重力只有地球的六分之一。给物理学家看一段宇航员驾驶月球车的视频,他就能判断出这发生在一个没有大气层、重力只有地球几分之一的天体上。

9. 美国有每个阿波罗任务着陆器着陆点的细节照片,它们由美国国家航空航天局的月球勘测轨道飞行器拍摄。此项目的工程师可以把飞行器的高度降到距离月面约12英里(约20千米)处,近到足以拍下脚印、月球车、登月舱下降级,甚至一些留下的旗帜。所有人都可以在线查看这些非常细致的照片。不,这些不是伪造的。这个飞行器还以同样的精细程度拍摄到了俄罗斯的着陆器,以及中国的嫦娥四号着陆器(2019年)和月球车。

10. 宇航员都能在范艾伦辐射带中存活下来。你可能听到过"当宇航员想离开地球轨道开启登月之旅时,范艾伦辐射带中的危险辐射会杀死宇航员"这样的话。此辐射带是两个环形的高能粒子区,里面主要是电子和质子,这些粒子是地球磁场从太阳风中捕获的。其中内侧的辐射带从距地面约620英里(约1,000千米)处(此位置远高于大气层)延伸至3,700英里(约6,000千米)处。外侧的辐射带则从8,100英里(约13,000千米)处延伸至

37,300英里（约60,000千米）处，里面包含高能电子。尽管大气层阻挡了大部分高能粒子到达地面，但辐射带可能会给卫星带来危险，如果卫星在那里的轨道上停留太长时间，就需要对其电子设备进行特殊屏蔽。美国国家航空航天局对辐射带及其潜在的辐射危害有充分的了解。那些航天器离开地球时避开了较窄的内带，并选择外带密度较小的区域作为出口。随着航天器的高速飞行，宇航员们很快就远离了危险区域。他们接受的平均辐射剂量等于接受两次头部CT扫描的剂量，或一次胸部CT扫描的一半剂量。他们都安然无恙地回来了。肯尼迪的愿望实现了。

地球上没有任何望远镜可以看到月面上留下的阿波罗号登月舱的下降级或其他任何与阿波罗号宇宙飞船有关的东西，就连神奇的哈勃空间望远镜（以下简称哈勃）也做不到。光学定律限定了哈勃的分辨极限。它的94.5英寸（约2.4米）直径的反射镜在紫外光波段能分辨的最小角度仅有0.024角秒。要感受这个角有多小，可以先想象满月的视直径为1,800角秒，即0.5°。这就是我们肉眼看起来的大小，但它的真实直径为2,160英里（约3,476千米）。在月球的距离上，0.024角秒对应141英尺（约43米）。在可见光下的分辨率较低，为0.05角秒，大约对应300英尺（约91.4米）。

每次任务执行完毕后，留在月球上的最大设备就是登月舱。它有17.9英尺（约5.5米）高，14英尺（约4.3米）宽。由此你就可以看出问题来了。很不幸，阿波罗计划留下的所有活动迹象和设备都远远低于望远镜的分辨极限。

哈勃在太阳系和深空观测方面很有优势。它之所以能看到火星极冠乃至遥远星系等各种目标的细节，是因为所有的这些目标都比阿波罗号宇宙飞船的登月舱大得多，即使它们比登月舱距离我们更远。哈勃拍照时还能设置数天的长时间曝光，从而展现我们能看到的最遥远、最暗淡的天体。

目前，只有美国国家航空航天局的月球勘测轨道飞行器能下降到距月面12英里（约20千米）处的距离上，可以近距离拍摄着陆点，包括宇航员竖起的旗帜投下的影子。若想在地球上看到这些影子，你需要使用直径为650英尺（约200米）的望远镜。

阿波罗月面实验装置

"月球车"轨迹

旗帜

宇航员的足迹

挑战者号下降级

月球车"停车点"

▲   美国国家航空航天局的月球勘测轨道飞行器可以在距月面22英里（约35千米）的轨道上运行，能够鸟瞰阿波罗号宇宙飞船的着陆点。这张图片是阿波罗17号的着陆点，从中我们可以看到宇航员的足迹、月球着陆器的下降级、设备，甚至旗帜的影子。（美国国家航空航天局）

▲   冥王星（左）在哈勃望远镜中只占15个像素，几乎没有显示出任何细节，因为它体积小且距离远。涡状星系（右）比冥王星远500亿倍，但其直径为60,000光年，比冥王星大250万亿倍。它距离虽远，但尺寸大，所以用哈勃望眼镜可以拍到清晰而细致的照片，照片中所能见到的最小的东西也跨越了5光年的距离。（美国国家航空航天局，欧洲航天局，S.贝克威思[S.Beckwith，太空望远镜研究所]和HHT［太空望远镜研究所/大学天文研究联合组织]）

即使是着陆器也需要直径约82英尺（约25米）的望远镜才能被看见。当前最大的望远镜是加那利群岛的加那利大型望远镜，其主镜直径为34英尺（约10.4米），对执行分辨的任务来说仍然太小了。

虽然月球勘测轨道飞行器拍摄着陆器的两台窄角相机的镜头直径只有7.7英寸（约19.5厘米），但这一飞行器能通过非常低的轨道高度来弥补镜头小的不足。大镜头固然有很大优势，但距离越近效果越好，而且会好很多。

外星人在月球背面建立了一个太空基地

在杂货店排队时，谁没有瞟过一些杂志封面呢？想当年，《国家询问者》（*National Enquirer Magazine*）或《世界新闻周刊》（*Weekly World News*）的封面上布满了荒诞的标题，比如"海豚长出人的手臂""乡下外星人占领拖车公园""亚当和夏娃都是宇航员"等。没有人会真的相信这些事，是吧？我们大多数人都将这些视为一种找乐子、等待结账时消磨时间的方式。

近年来，类似这样的诱导性标题和故事已扩散到社交媒体上。任选一个话题，你一定会发现"令人震惊的新证据"或预言世界末日的文章，包括声称外星人在月球背面建立了火箭基地。它们会是真的吗？

我们喜欢看这些故事，因为它们有神秘感。我们生活在一个平凡、可预测的世界中。有些人认为科学已经让世界摆脱了神秘，因为万事万物都有解释（顺便说一句，我们还远未达到这一境况）。让我来阐述一些不同的观点。

尽管科学对自然界的事情确实做出了许多解释，但也不断揭示出一些新的、悬而未决的问题，这些问题激发了我们的好奇心，让我们去探究它们是什么、为什么和怎么会成为这样。通过科学家的努力，我们发现了自然界中许多意想不到的过程,这些过程是任何科幻作家或诗人都想不到的。你不需要成为一名科学家来理解自然的奥秘,只需要成为一名优秀的观察者即可。只要你注意,大自然就会向你分享它的秘密。科学,或者说科学观点,都是去发现看似无关的事物之间存在的惊人联系,例如地球外核中液态铁的流动与指南针的指向,再如古老小行星的撞击与陨石的降落。

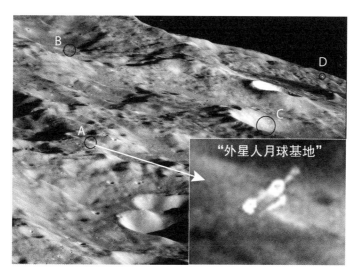

▲ 在阿波罗11号宇航员拍摄的这张照片中,所谓的外星人月球基地(标记为A)其实只是众多尘埃斑块和胶片颗粒(B、C、D)之一。(美国国家航空航天局)

网络世界中充满了怪诞的东西,给人的感觉像是持续不断地打地鼠游戏。一个荒诞的故事出现后,好心人试图揭穿它,却又接连冒出类似的故事。

外星人的月球基地就是一个很好的例子。有人说月球背面的图像显示出两个相互连接的航天器发射台。由于这是一个破天荒的说法,所以我们需要大量证据去证明它的存在。比如回顾早先拍摄的该地区的照片,查看上面是否显示有基地。

根据视频图像中已知的环形山大小,月球基地是一个几英里宽的结构。自2009年以来,美国国家航空航天局的月球勘测轨道飞行器一直在拍摄月球的正面和背面,分辨率可达 3 英尺(约 1 米)。那么大的结构是不会被漏拍的。目前有任何拍到这一结构的照片或图像吗？ 没有。

视频中提供的唯一证据是它看起来像一个月球基地。又因为它位于月球的背面(视频制作者误称其为"暗面"），从地球上无法看到,所以一定是一个"秘密"基地。整个说法都是建立在感觉和假设基础之上的。

离我们的家园如此近的外星人基地带来了一个精彩的故事,它立刻吸引了你的注意。但它无非是基于通过图像看到的外观建立的猜想,毫无坚实的数据支撑。一个人看它像月球基地并不能成为证明它是基地的证据。在我所在的城市里,我们建了一个图书馆,它看上去像五大湖上的一艘船。如果在一张模糊的航拍照片中看到它,你可能会得出结论说它是一艘真正的船,但并非如此,它是一个图书馆。

一方面,视频制作者做了功课。他提供了该图像的阿波罗目录编号,所有人都能查到这张图,我也照此找到了这张图像并仔细查看。我不仅找到了他所说的月球基地,还找到了其他六个基地,如果你想这样称呼它们的话！我将它们视为灰尘和胶片瑕疵,这在许多太空图像中都很常见,尤其是因为拍摄这张照片时正处在胶片时代。每个"月球基地"都是一块尖尖的、不透明的白色灰尘,附着于实际图片之上,它们并非月球景观的一部分。这种"伪像",无论是出自胶片还是数字处理,都是太空图片和在线星图中常被误解的特征之一。有些是由名为"内反射"的相机镜头反光造成的。它们可以呈现出各种各样的形状和大小,我们很容易将它们想象成外星飞船,或是某些政府不想让我们看到而试图掩盖的部分。

类似的说法,如月球是空心的、环形山上覆盖着玻璃圆顶等,都只是因缺少信息或对常见事件的误解(有意或无意的)而产生的奇谈怪论。当信息唾手可得,而提供信息的人不做功课时,他们就给那些不熟悉这个话题的人带来了迷惑。这是禁忌,也是照片中的斑块不是月球基地的原因。至于那些环形山的玻璃圆顶,只是因为太阳照射它们的角度不同而使其看起来如此。以特定的太阳角度来看，图像中的环形山会突然地由凹变凸，即凹陷的月面会变成向外隆起的月面。这只是一种视错觉，常看月面图的人都知道这一点。

许多所谓的异常现象都是由于人们对月球和光缺乏了解而产生的误解。当然，这些罕见或不寻常的现象免不了会被当局"掩盖"起来，因为政府想对此保密。对一个话题保持沉默总会被认为是耍阴谋，但真正的原因很简单：不让这类谬论影响到更多受众，以免增加其可信度。

我常感到惊讶的是，平时很理性的人在考虑更简单、更有可能的解释之前，会很迅速地跳转到以最疯狂的结论来解释"异常"的状态。也许我们倾向于先考虑对人类最有威胁的解释，以防我们可能需要采取行动来保护自己或亲人的安全。这种灾难倾向的观点给我们的日常生活增加了不必要的压力，也使我们的直觉变得模糊。

无论是由于无知，还是为博得更高点击率而故意无视事实，或是为强推某种"理论"，人们在互联网上散布了大量虚假信息。结果是可以预见的：那些不熟悉相关话题的人最终会陷入何者为对、何者为错的困惑之中。

月亮有一个『暗面』

　　这个说法不是源自平克·弗洛伊德乐队（Pink Floyd）的专辑《月之暗面》（*The Dark Side of the Moon*），但这张专辑的流行让这一说法广为人知。因为我们只能看到月球的"亮面"，所以会以为月球的另一面永远是黑暗的。大多数人不经意地将其称为"暗面"，有时还颇有深意地眨眨眼，暗指《星球大战》（*Star Wars*）系列电影。现在，让我们就此话题了解一些必要的信息，把事情弄清楚。

　　我们称月球对着地球的这面为"正面"，背着地球的那面为"背面"。这两个术语都没有涉及"明"或暗，理由也很充分：月球两面经历白天和黑夜的时长是相同的。下面我们讲述为何如此。

　　月球绕其轴线自转的速度与它绕地球公转的速度相同，所以它朝向我们的一直是同一个面。如果它自转得快一点或慢一点，那么我们最终总能看遍它的整个球面。但它的自转与公转同步，以恰到好处的速度抵消了绕地球公转带来的朝向变化。其背面总是背对我们，朝向外层空间。

　　为了感受月球自转的方式，请想象你正绕着一根杆子走。你的头代表月球，杆子代表地球。如果你在绕圈时保持面朝杆子，那么在走完一圈后，你的头也将自转一整圈。你在绕杆子"公转"时，并未有意转动你的头，但你确实这样做了。如果你不转动头部来保持面朝杆子，你的头就会在转圈时朝向不同的方向。

从杆子（地球）的视角看，你绕它公转时，它只能看到你的脸，而永远也看不到你的后脑勺。同理，我们只能看到月球的一面。这种紧密关联的自转和公转被称为"同步绕转"（synchronous rotation），是由地球施加在月球上的引力造成的。我们说月球被地球潮汐锁定，因为地球的引力大到足以引起月球岩质月壳的潮汐，换言之，是在月球自转时对它进行拉伸或挤压。所有这些引力"糅合"在一起导致的月球内部摩擦逐渐让其自转周期变短，直到与公转周期相等。你可以把这视为阻力最小的方式。数十亿年前，月球自转的速度比现在快得多，所以很可能一个太阴月内就可以看到月球所有的面。

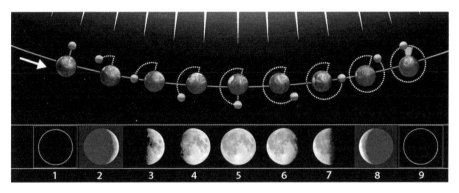

▲　月球绕地球公转期间，我们看到新月1时，月球背面完全沐浴在阳光下；我们看到上弦月3时，月球背面有一半被太阳照亮；我们看到满月5时，月球背面完全处在黑暗之中。（Orion8望远镜 / CC BY-SA）

地月系统不是潮汐锁定的孤例。木星最大的四颗卫星也总是保持一面朝向木星。冥王星和它最大的卫星冥卫一有着近似的质量，它们的轨道密切相连，使得它们相互被潮汐锁定，即冥卫一以一面朝向冥王星，冥王星也以一面朝向冥卫一。如果人站在冥王星的另一面就永远看不到冥卫一，如果站在冥卫一的另一面同样也看不到冥王星。

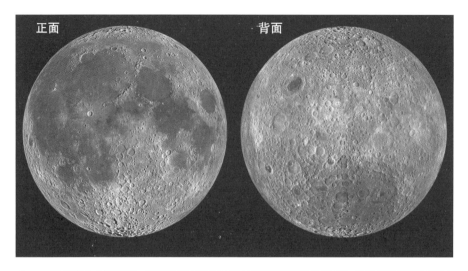

▲   月球在每个公转周期内，其正面（左）和背面（右）接受阳光照射的时长相同。（美国国家航空航天局）

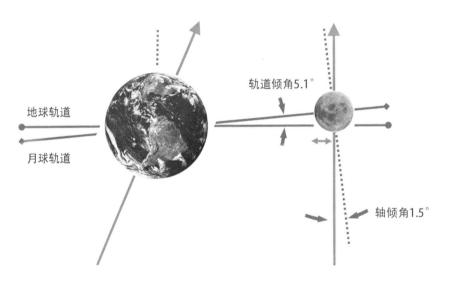

▲   月球轨道相对于地球轨道的倾角加上月球自转轴 1.5° 的倾角，使我们可以看到月球顶部和底部的区域，
      从而增加了我们可见的面积。这种 "点头" 行为被称为 "纬天平动" （libration in latitude）。（维基百科）

　　我们看不到月球的背面，并不意味着它从不经历白天。就像我们知道的
那样，月球绕着它的轴自转，所以它表面的每个区域都会经历白天和黑夜。
对我们来说，新月时月亮白天在太阳附近，我们看不到它，因为它的正面背
对太阳，完全处于黑暗之中。我们只能在日食期间月亮慢慢遮住太阳时看到

新月。如果你曾看过日食，就会记起那时的月亮看起来像夜晚一样黑。出现这一现象的原因就是此时月球整个正面都是黑夜！同时，它的背面朝向太阳。如果此时有位宇航员正对着月球背面，那么这位宇航员将看到一个美丽的背面版满月。

当我们在夜空中看到半个月亮时，轨道上的那位宇航员会看到月球背面相对应的那一半被太阳照亮。当我们在地球上看到满月时，月球背面则背向太阳，完全处于黑暗中，也就是说，背面版的月相是新月。正面经历月相周期时，背面也经历着月相周期，但是顺序相反。看，这很简单，不是吗？

偶尔赏月的人可能认为我们只能看到月球的一半，即月球表面的50%。此话不假，在任一时刻我们都只能看到月球的一半。但是，由于月球南北向和东西向的摆动，即所谓的"天平动"（libration），大自然又慷慨地为我们多展示了9%的月面。

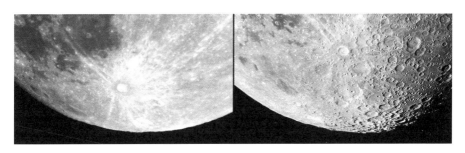

▲　月球的摆动改变了我们观察第谷环形山（一个著名的月面环形山）的角度，同时，月球底部（南部）边缘的额外区域也显露出来。（鲍勃·金［左］，弗兰克·巴雷特[Frank Barrett，右]）

想要看到额外的区域，我们需要在整个太阴月期间观测月球。月球自转轴的1.5°倾角以及月球轨道相对于地球轨道的5.1°倾角使之上下摆动。这样，月球运行至轨道某些部位时，我们能看到其底部再往下的区域，而在其他时候我们能看到其顶部再往上的区域。月球摆动的原因是它在椭圆轨道上绕地球公转的速度会发生变化，从而在椭圆轨道最东端和最西端露出额外的区域。将这些小片区域加起来，我们就可以说整个月面有59%是可见的。

得益于环月轨道上的太空探测器，你不必成为一名宇航员就能看到月球背面。美国国家航空航天局的月球勘测轨道飞行器绘制出了占整个月面98.2%的月面图，分辨率为328英尺（约100米），在某些区域甚至更高。如果你想查看月球背面的详细图像，可以访问相关的网站，点击月球勘测轨道飞行器的大比例图。也许在浏览时，你会想给平克·弗洛伊德乐队的某位成员打个电话。

天文学家将新月出现的时刻定义为一个朔望月（也称为"太阴月"）的起始点。新月出现后约两周，月球在天空中与太阳相对，直面太阳，在我们看来是又大又圆的满月。如果从太空中看，每次满月时，太阳、地球和月球都是按此顺序排成一排的。满月每29.5天出现一次，即平均约一个月一次。以上就是我们曾学过的内容。如果你允许我仔细分析一下满月到底有何确切含义，我们也会有一点乐趣并阐明新的观点。

　　我前面所说的"日—地—月"按此顺序严格连成一线的现象只出现在月全食期间，大约每三年出现两次。月偏食和半影月食发生的频率更高，其中半影月食是说月球从名为"半影"的地球外圈影子中穿过。但是，只有在月全食期间我们才能说月球完全被照亮，成为严格意义上的满月。只有此时太阳、地球和月球才连成一条直线。由此，你遇到了一个悖论式的说法：月球只有进入地影时才是真正的满月。

　　你仍然可以轻易看到月全食时的月亮，因为阳光经地球周围大气的折射而进入地影中，并因大气透明度的不同，月亮可以呈现出红色、橙色，偶尔也可以呈现出深棕色。如果没有大气层将阳光折射到地影中，那么肉眼将无法看见真正的满月，月球将在漆黑的地影里消失几个小时，之后才重新回到阳光照耀之下。

在不是月全食的情况下，"日—地—月"的排列会有一点点歪，月亮就不是真正的满月了。在你的肉眼看来，它可能非常圆，但如果你使用望远镜观测，即使是在精准的"满月"时刻，也会在它的北部或南部边缘看到少量阴影。这是因为太阳并没有直射月球，而是稍微偏了一个角度。

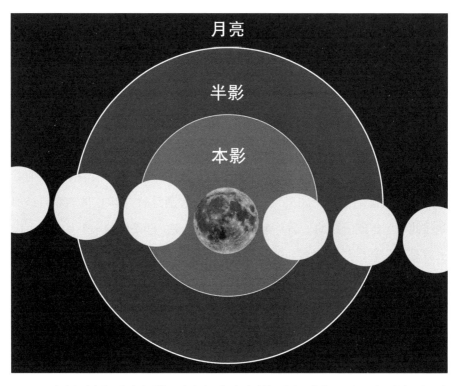

▲ 　只有当月球在太阳和地球后面，三者连成一线时，才称得上是真正的满月。然而，它只会发生在月全食期间。（汤姆·鲁恩[Tom Ruen]）

大多数满月时都不会发生月全食，因为月球轨道平面与地球轨道平面有5.1°的倾角。如果月球轨道没有倾角，即月球绕地球公转的轨道与地球绕太阳公转的轨道在同一平面上，那么每次满月时月球都会进入地影，我们每个月都能看到一次月食。实际上月食不常发生，因为大多数满月时月球都在地球轨道平面上方或下方，不会进入地影。每年平均会发生零到三次月偏食或月全食。月球在其他月相期间也可以穿过地球轨道平面。如果月球是在新月出现时穿过，我们就会看到日食。

回到用望远镜观测月亮的话题，当"满月"位于地球轨道平面北侧时，我们会看到月亮北部边缘有阴影；而当它位于平面南侧时，则可以看到南部边缘的阴影。

下一次听到月亮是满月时，你可以补充一句"差一点儿，还没有"，或者只让自己知道，而不搅扰你的朋友。但现在你知道了这一事实，就不可能装作不知道了。对此，我很抱歉。

自由企业无限制,没有什么比出售外太空地产的生意更能真实反映这一点的了。现在美国至少有5家公司在兜售月球上的土地,但有些公司并未止步于此,他们将兜售范围扩大到金星、火星、其他行星及其卫星上。只需25到30美元(2019年的价格),你就可以得到月球静海上1英亩(约4,046平方米)的地契。需要更多吗? 100美元可以批发5英亩(约20,234平方米),同样能得到写有你名字的地契。所有新业主还会收到一份地图和各种文件,地图上面显示了他们所购地产的位置。

　　兜售网站吹嘘自己将月球地产卖给过好莱坞明星、美国前总统,甚至是美国国家航空航天局的员工。一家公司声称有超过600万人是月球地产"骄傲的所有者"。说实话,我并不知道我的同胞中有这么多人在月球上拥有自己的土地。他们真的拥有吗?

　　所有权是一个微妙的问题,任何不经意闯入他人领地的人都会很快就发现这一问题。正如地球上有物权法一样,月球上也有物权法。由美国和苏联起草的《外层空间条约》(Outer Space Treaty)涵盖了月球和其他天体的探索、所有权,以及关于和平利用的若干规则。1967年,两国及其他许多国家都签署了该条约。

如果花时间阅读这份条约，你就会在第二条找到此约定：

任何国家不得通过提出主权要求、使用或占领方式，以及其他任何方式，把包括月球和其他天体的外层空间据为己有。

此外，第一条约定，可以自由进入天体的一切区域。

换言之，像中国或美国这样的国家不能接管或占领月球上的任何一块区域。他们也不能声称月球或月球的一部分属于他们。当时人类预感到未来必然会登上月球，所以这一条约以普遍有效的方式解决了月球土地所有权的问题。在阿波罗号宇宙飞船和苏联无人采样返回探测器返回地球后，即登月成为现实时，联合国起草了一份单独的、更详细的"附件"以弥补漏洞。这就是1979年的《关于各国在月球和其他天体上活动的协定》（ the Agreement Governing the Activities of States on the Moon and Other Celestial Bodies ），即更为人熟知的《月球协定》（ Moon Treaty ）。

其中，第一条指出，协定中与月球相关的所有内容"也适用于太阳系内除地球以外的其他天体"。但第十一条中有关于未来土地所有者的相关内容。请随我来，我们将接触一些法律：

月球的表面、表面下层或其任何部分及其中的自然资源，均不应成为任何国家、政府间或非政府间国际组织、国家组织或非政府实体或任何自然人的财产。

这里写得非常明确。没有人可以合法拥有月球或海王星上的财产，你不行，我不行，地球上任何企业或个人都不行。这可以让你忘记在你买的月球土地上建造温馨小屋的计划了吗？

也许可以，也许不可以。截至2018年1月，只有18个国家签署了该协定，而这18个国家都没有向月球发射过载人飞船。如果不是L5协会（L5

Society，最初是为了扩大太空殖民地而成立的组织）在1980年进行了强有力的政府游说，美国很可能已经签署了该协定。协会代表们成功地让美国政府认识到，该协定将使太空殖民成为不可能。这将会限制美国的商业利益，也会让美国为在未来将其他星球改造成更适合生命生存的地方所付出的努力化为泡影。在一定程度上由于该协会的努力，美国从未签署《月球协定》。俄罗斯、中国、英国及其他航天大国也没有签署此协定。后来，L5协会与美国国家太空研究所（National Space Institute）合并，成立了美国国家太空协会（National Space Society），继续倡导人类探索和殖民太空。

如此一来，当涉及月球财产时，只剩下最开始的那个条约可以作为法律依据，它适用于"州"和独立的国家。有什么能阻止一对夫妻企业家经营月球地产生意呢？企业主认为，《外层空间条约》禁止国家所有，但不禁止私人的商业销售。我们可以反驳说，这种狭隘的解读背离了该条约的意图和精神，该条约的核心思想是为人类福祉，和平地共享、利用月球。

那么从严格的法律条文上讲，这是否意味着个人可以出售月球或其他天体上的土地呢？在你跃跃欲试之前，还有一个问题要注意，请看最开始的《外层空间条约》（美国签署了此条约）[1]的第六条：

非政府实体在包括月球和其他天体在内的外层空间的活动，应由此条约的有关缔约国批准和持续监督。

由于政府并未批准对月球地产的所有权和出售行为，所以地契和其他文件都没有法律依据。因此，除出售土地的组织外，没有人会承认你的所有权，也没有人能划定和确保你的产权边界。如果俄罗斯的着陆器开始在那里钻探岩石，那你可太不走运了。

另外，也没有人在强制执行这一条约，所以企业能自由出售月球地产给那些轻信广告并付款给它的人。拥有几英亩的月球土地就像花钱给恒星命

---

1   中国于1983年12月30日加入《外层空间条约》。

名一样，无论是业余爱好者、初学者还是资深天文学家都不会承认这种名字。即使证书是用金墨水签名、用银框装裱的，它的意义也只局限在企业、购买者和收到这份礼物的人之间。

也许那些花钱给恒星命名或"拥有"月球土地的人心里知道，没有人会承认他们的所有权，或在科研论文中使用他们命名的恒星名字，但对他们来说，情感更为重要。面对现实吧，我们就是喜欢送独特的礼物。命名恒星或"拥有"月球土地会让收到礼物的人有特殊的感受。每当这些人仰望月亮或望向他们的恒星所在的方向（那些公司出售的大部分恒星都很暗淡，需要使用望远镜才能看到）时，就会感到与送礼者乃至与整个宇宙之间的联系。

但对我来说这很空洞，因为它们都是假的。如果你允许，我想提一些不同的礼物建议。比如一个漂亮的大星盘怎么样？它能用来学习星座。或者一架小望远镜和一幅月面图如何？有了这些东西，你就可以探索天空好多年，就像你拥有了这些地方一样。

如果你曾经在冬夜的满月下漫步，就会觉得周围的景色几乎和白天一样明亮。通常情况下，由于光照不足，我们无法在晚上区分颜色。但在高挂的满月下，我很容易就能看清停车标志上的红色和我的冬衣的绿色。月亮的光是反射的太阳光，虽然它的亮度是太阳的四十万分之一，但它仍然如此明亮，我们一定会认为它是一个绝佳的反光体。

　　如果你经常在晚上散步，那么新月后月亮变成一个月牙时，你会首先注意到你在月光下的影子。到了上弦月，太阳照亮半个月面时，影子就非常明显了。到了满月，太阳照亮了月球的整个正面，此时你的影子黑漆漆的，尤其是落在雪地上时。

　　若想体验真正的"亮瞎眼"，可以试着通过一台直径为6英寸（约15厘米）或更大的望远镜观察满月，你会被它的光辉吓到。看完之后，那只眼睛就会像被别人给你拍照时开的闪光灯晃了一样，一时看不了东西了。

　　但奇妙的是，如果你铺设一个像月球直径那么大，即2,160英里（约3,476千米）宽的沥青停车场，并让它老化几年，然后把它放在月球的位置上，那么它会看起来和月亮一样亮。的确如此，月亮并不比老化的沥青地面或针叶林更亮。下次你进停车场时，请环顾四周，这就是月球表面的状况。

▲　2019年2月，一轮又大又"亮"的满月从明尼苏达州德卢斯附近冰封的苏必利尔湖上升起。（鲍勃·金）

　　天文学家将天体反射回太空的光量与天体接收到的光量之比定义为反照率（albedo），其可以反映天体的反射能力。反照率的取值范围为0（代表纯黑）到1（代表纯白）。你看到的反照率通常都是用小数或几分之一的形式表示的。月球的平均反照率为0.12，意味着平均来看，它将接收到的太阳光的12%反射回了太空。

　　不必奇怪，地球的平均反照率为0.30（大约是月球反照率的3倍），比绿草地的高，与用赤陶做的屋瓦的相近。如果地球被针叶林覆盖，那么它的反照率将是0.14，几乎与月球的相同。如果地球被冰覆盖，那么它就会把接收到的太阳光的84%反射出去。地球较高的反照率主要来自云、雪、冰盖、沙漠，在一定程度上也来自覆盖了地球大部分区域的水。

　　金星是最亮的行星，因为它完全被云层覆盖，由此反射了很多太阳光。这使得金星的反照率达到了惊人的0.76。如果你能把金星拉到与地球足够近的地方，使之看起来和满月一样大，那么与代表着维纳斯女神的金星那皎洁的白色光辉比起来，真正的月亮将会黯然失色。我们终于能看到暗淡的月亮了，虽然它本就如此。

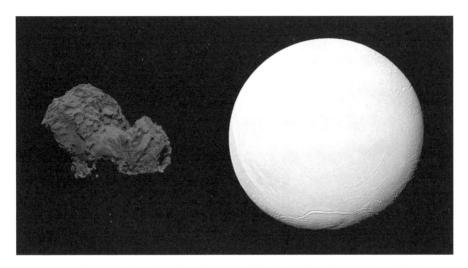

▲   将一颗典型的彗星67P（楚留莫夫－格雷西缅科彗星）和太阳系中反照率最高的土卫二放在一起进行比较。（欧洲航天局 CC BY-SA 3.0 [左]；美国国家航空航天局/加州理工学院喷气推进实验室/空间科学研究所[右]）

金星的反照率已如此之高，但强中更有强中手。土卫二表面名为"虎纹"的巨大裂缝中有间歇泉喷出，它让整个星球覆盖着晶莹、明亮的冰晶。间歇泉连着含盐的地下海洋，水从温暖的内核进入酷寒的太空时，会凝结成大量雾状的冰晶，覆盖在已经结满冰的土卫二上。土卫二几乎会将接收到的太阳光完全反射出去，因而是太阳系中反照率最高的天体。

就反照率而言，月球更像一颗典型的小行星或彗核（彗星中间坚硬的部分）。最大的小行星谷神星的反照率为0.09，比月球小一些，而2014—2016年罗塞塔号探测器造访的彗星67P（楚留莫夫－格雷西缅科彗星）的反照率更低，其只反射接收到的太阳光的6%，大约和潮湿的深色泥土的反照率一样。哈雷彗星的反照率为0.03，比木炭的（0.04）还小。所有这一切可能会让你想知道，如何能够在第一时间看到这些朦胧发光的天体。

尽管与草地、建筑和房屋比，木炭和沥青的确看起来很暗，但它们在外层空间的黑色背景下会显得格外醒目，因为它们还能反射一些光，而外层空间什么都不反射。一切都取决于背景。例如，一个白色纸盘放在雪堆前会融入其中，但如果你把这个纸盘放在黑色背景前，它就会被凸显出来。彗星、小行星和月亮也是如此。某个天体的反照率可能比其他的高一点，但没有一个天体和外层空间一样暗，所以相比之下它们看起来都很亮。

▲ 当在非常暗的背景下（如一个暗室）观察时，即使像炭块这么暗的东西也会显得明亮。同理，彗星和有着暗壳的小行星也是这样。（鲍勃·金）

夜视同样影响了我们对月球表面亮度的感知。当我们在一个漆黑的夜晚刚刚走出房门时，可能除一两颗星星和邻居的灯光外，几乎看不到任何东西。但如果给眼睛一些时间让它适应黑暗，那么我们很快就能在不借助照明灯的情况下，通过星光、月光乃至当地的光污染找到自己的路。适应了黑暗的眼睛不仅可以让我们更清晰地看到暗淡的东西，而且在看到明亮的物体（如月亮）时会觉得其更明亮。如果你曾在黑夜里开车走了很长一段路，然后驶出道路去加油，可能会感到加油站顶棚的灯光非常刺眼，而这样的情形在白天是永远不会发生的。

世界似乎总是给我们耍一些小把戏，试图扰乱我们的理解。我们的感官是我们经验的"看门人"，它当然是不完美的。在其中加入一点科学元素，我们就能更清晰地理解自己是如何感知这个世界的。

出生率和犯罪率
会在满月时激增

　　"今晚一定是满月！"无论你是在麦当劳还是在《纽约时报》工作，可能都听说过有人将犯罪高潮或怪异行为归因于满月。上次听到这种说法时，我专门检验了一下，那时月亮是亏凸月，满月已经过了几天了。

　　我认为我们喜欢将这类混乱归咎于月亮，是因为目前尚无更好的解释。这种把无生命也不可能有怨言的月亮当成一个筐，什么都往里装的文化似乎一直存续着。我们不断重述那些奇闻轶事，将这种文化代代相传，直到人们开始相信它是真的。如果我们中的随便一个人在一波犯罪高潮或出生高峰时检验一下实际的月相，很快就会发现，在大多数情况下月亮都不是满月，而是新月、弦月或凸月。问题是没有人检验。当有人宣称出生率和死亡率的激增是满月所致之后，人们都认为一定如此，等下一次发生某件疯狂的事时，又有人会重述这一古老的传言，这句没有根据的话就这样流传了下来。

　　再加上验证性偏倚（confirmation bias），即倾向于回忆所有支持我们观点的例证，而忽略所有不支持的证据，我们很容易陷入这种彻头彻尾的误区。例如，我们可能会回忆起满月时发生的重大犯罪事件，而忽视了类似的犯罪行为在其他月相时也发生过的情况——如果我们定期检验月相的话，而大多数人都不会这么做。

　　归因于月亮这一习俗的核心是一个古老的民间信仰，即月亮会影响人的行为，满月尤其如此。它有可能通过安慰剂效应（placebo effect）间接地影响我们，这是一种大脑感受，如果你相信它能影响你，就会感到它影响了你。在现代，当被问及月球可能会如何影响一个人的行为时，有些人会想到月球的引力。既然它能给海洋带来潮汐，也一定对每个人施加着引力。

▲　　月亮真的能影响出生率、让人变疯狂吗？不，事实并非如此。（鲍勃·金）

　　这些人的想法固然没错，但在我们下结论之前，先看看月球引力有多大吧。利用已知的月球质量和牛顿的万有引力定律，我们很容易算出结果。你算一算就会发现，对一个重220磅（约100千克）的人来说，月球对他的引力与一个110短吨[1]（约100吨）的重物在距此人3.3英尺（约1米）处的引力相同。由于一辆汽车的平均质量为5,000磅（约2,268千克），所以月球对一个

1　原文使用的"ton"为美制单位短吨，1短吨等于907千克。——译者注

普通人的引力相当于汽车经销店停车场中44辆汽车对人的引力，或者相当于一个人站在一栋小楼旁边受到的引力。月球引力对你身体的拉伸量，即让你长高的量，是原子直径的万分之一。

大城市中高层建筑的引力比月球的大得多！我们太渺小了，所以月球难以影响到我们。海洋则不同，它们质量很大，月球对它们的影响很显著。同样重要的是，我们不要忘记地球的引力。我们生活在一个巨大的行星之上，它对我们的引力比月球的要大六个数量级。

至于犯罪，你不必只相信我说的满月对犯罪率没有影响。当代所有研究都表明犯罪与月相没有关系。人们在满月时犯罪的可能性和人们在上弦月、新月时犯罪的可能性相同。或许有其他因素会影响犯罪行为发生的时间和频率，但满月与其他月相相比未显示出统计学上的差异。

人们不仅将犯罪或疯狂行为与满月联系在一起，包括一些医生、护士和护理人员在内的许多人还认为满月时出生的婴儿比其他月相时要多。再强调一次，人们通常在下判断前不去检验月相，判断时验证性偏倚也会产生影响。现代研究表明，月相和出生率之间没有因果关系，对此你不应感到惊讶。

不过满月也不是完全对人没影响。我注意到，即使在最冷的天气里，升起的满月也能吸引成百上千的摄影师进行拍摄。人们会停下手头的工作观赏月亮，为这份美丽呼喊着，还会举起手机，拍摄这个又大又圆的橙色天体爬上东方天空的照片和视频。

即使是普通的天文观测者，也对月相非常熟悉。有时人们会以为是地影落在月球上导致了月相的变化。这个说法听起来似乎是合理的，毕竟地球是一个球体，当然会投出边缘呈弧形的阴影。但稍微想一想就会发现，影子总是朝着一个方向，即落在地球的后面。而月球是一直在运动的，不停地绕着地球公转，进入地影的机会少得可怜。

晚上仰望繁星时，地影布满了整个天空。但就像你自己的影子一样，地影会随着日地距离的增加而变窄。从侧面看，它看起来像一个圆锥，在挨着地球夜半球的地方最宽，随着距离的增加而逐渐缩成一个小点。

地月平均距离为239,000英里（约385,000千米），在这个距离上，地球本影（umbra），即地影内侧黑暗的部分宽约5,600英里（约9,000千米），大概是月球直径的2.6倍。在地面上看，它的宽约为1.5°，相当于你伸直手臂指向天空时食指的宽度。这真是个很小的目标！

月球若要进入地影，必须差不多位于日地连线的正后方。这正是月食期间发生的事情，我们也因此说，月食是我们看到地球在月球表面上投下的边缘呈弧形的阴影的唯一机会。其余时间里，月亮上所谓这一半或那一半的阴影只不过是黑夜——月球的黑夜。

地球一半在阳光下、一半在黑暗中的情况同样适用于月球。月球黑暗的部分仍为夜晚，因为太阳还没有升起。月亮上区分白天和黑夜的线叫作"明暗界线"（terminator）。如果你留意月相的变化，就会发现在新月向满月变化的过程中，明暗界线是向左（在北半球观测的话）扩展的。这是地球、月球和太阳之间的角度不断变化所致。观察明暗界线从新月时的凹状（向内弯曲）变为上弦月时的直线，再到盈凸月时的凸状（向外弯曲），直至变为满月时与月球边缘重合，这是很有趣的一件事。从新月到满月，明暗界线夜复一夜地移动，不断让月亮的新部分显露在阳光之下。满月之后，地月间的角度逐渐减小，明暗界线反向推移，从凸状变为凹状，标志着日落的推进线和月球夜晚降临的范围扩大。

在月球距离处的
地球本影直径

▲   地球的内侧阴影（本影）在月球的距离上只是一个视角为 1.5° 宽的圆，月球很难落在里面。这就是
月食罕见的原因。（鲍勃·金）

　　明暗界线的曲线形状变化是光从不同角度打在球体上的自然结果。你想亲眼看一看的话,可以找一个球,将它放在桌子上,把灯关掉。接着拿一个手电筒,照亮球的右侧,就模拟了上弦月的情况。照亮正前方则是模拟满月,照亮左侧则是模拟下弦月。新月的模拟比较复杂,需要一位助手绕到球的背面,然后向你这边打光,照亮球的边缘。

　　我最喜欢的月相演示道具是多普勒天气雷达球,矗立在邻近城镇一条繁华的道路附近。当太阳出来时,不同的行进方向可以让球呈现从新月到满月的任一种"月相"。有一次,我故意把车开到后面,停在球的影子里,创造了属于我个人的日全食。你会发现天文学原理在如此奇怪有趣的地方发挥了作用。

潮汐听起来很简单，无非是潮起潮落，但实际上却颇为复杂。不要害怕，我们会尽量消除所有误解。"潮汐"一词可以指向两个相关的含义，就像"银河"这个词一样，既可以指我们在夜空中看到的朦胧光带，又可以指我们所在的银河系。

　　当我们大多数人听到"潮汐"一词时，会想到海水每天两次的涨潮和退潮，在海边生活的人们对此非常熟悉。但它也可以关联到"引潮力"（tidal force）这一概念上，即一个天体拉伸另一个天体的力。这种力不仅会让海水有潮起潮落，也能让陆地发生"潮起潮落"，即让天体的壳层弯曲并略微变形。

　　尽管太阳对地球的引力比月球对地球的引力大得多，但月球的引潮力是太阳的两倍，因为潮汐是由地球相对两侧（即距离月球最近的一侧和最远的一侧）的引力差造成的。

　　面对像月球这样的大质量天体，地球上朝向此天体的一侧要比背离的一侧受到更大的引力，因为两侧之间有 4,000 英里（约 6,437 千米）[1] 的距离。

1　按作者字面意思，地球两侧的间距应是地球直径，约为 12,756 千米。——译者注

尽管月球的质量远小于太阳，但它离地球非常近，它对地球两侧的引力可相差1.7%[1]。太阳则距离太远，对地球两侧的引力只相差0.005%[2]，是月球的三百四十分之一。显然，在地球附近月球引力扮演了主要角色。

这并不意味着我们可以忽略太阳的引力。新月和满月时，地球、太阳和月球连成一线，太阳的引潮力叠加到月球引潮力之上，会带来大潮。"大潮"在英文中称为"spring tide"，来自德语单词"springen"，意思是"跳跃"。而在上弦月或下弦月时，太阳和月亮形成直角，太阳的引潮力抵消了一部分月球的引潮力，导致潮水比以往来得小，称为"小潮"（neap tide）。

▲　这组照片中可以明显看出高潮和低潮之间的巨大差异，大约是20英尺（约6.1米）。照片拍摄于加拿大新斯科舍省的切斯特贝森。（彼得·J.雷斯蒂沃[Peter J.Restivo]）

如果你曾经看过演示月球如何引起潮汐的图像，可能会有这样的印象：是月球的引力把它下面的海水拉成一个鼓包。但事实并非如此。月球的质量只有地球的八十分之一，其引力根本不足以带来这样的结果。它所做的是通过一种被称为"牵引力"的引力把地球上的海水从两边拉到下方。以这种方式牵引而来的海水堆积起来，几乎处在月球的正下方，这种现象被称为"潮汐隆起"（tidal bulge）。某片海洋随地球转动到隆起之下时，这片区域的

1　此处1.7%不准确，可能是作者计算时漏掉了系数。按作者所给数据6,437千米即地球半径算，月球对地球表面与地心的引力相差约3.4%。按作者字面意思即地球直径算，月球对地球两侧的引力相差约6.8%。——译者注

2　此处0.005%不准确，道理同上。——译者注

水位就会高于平常值,即"高潮"(high tide)。

如果两个人想把一个超级重的箱子从房间的一边移到另一边时,就会使用牵引力。让箱子沿着地面滑动会容易得多,而抬箱子会有让后背受伤的风险。月球无法直接把海水拉起来而产生潮汐,由于它的引力较弱,它的最佳作用方式就是让海水"滑"过来。明白了吗?

以上解释了地球上靠近月球一侧的隆起和潮汐,但远离月球一侧的隆起颇为怪异,它是如何形成的呢?引力的强度随距离的增加而减弱。若两个物体间的距离变为原来的两倍,则它们之间的引力则变为原来的四分之一。因为地心比远端更靠近月球,所以地心被拉向月球,远离了远端。实际上这就是说,远端(由于它离月球更远,所以受到的引力更弱)远离了地心。海水的表现就是在地球的远端一侧向外隆起,就像朝向月球的那侧一样。由此我们会看到两个隆起,一个朝向月球,另一个背向月球。你经常会读到一些说法说背侧的隆起是地球自转的惯性离心力造成的,但这是错误的。隆起都是月球作用的结果。

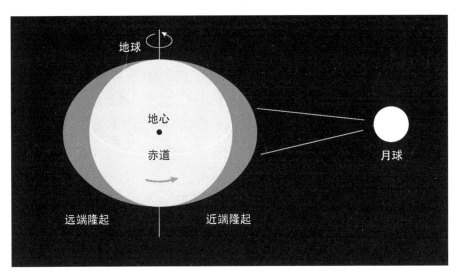

▲   两个潮汐隆起不是由离心力引起的,而是月球引力造成的。即使地球停止自转,隆起也仍然存在。月球挤压着地球,就像挤压一个圆形气球使其两侧鼓出来一样。(鲍勃·金)

　　引潮力的总体作用效果是拉伸一个天体。因为海水可以自由流动，所以我们看到了隆起，但地球的固体表面也会弯曲变形，每天有约1英尺（约30厘米）的起伏。

　　当地球上某个区域经过隆起时，就会达到"高潮"。两个隆起意味着每天有两次高潮，中间隔着两次低潮。两次月出的时间间隔约为25小时，所以大约每12.5小时有一次高潮。高潮时海水升高，约6小时后水位降至最低，为低潮。约6小时后，下一次高潮到来，接着是下一次低潮。无论月相是什么，这种现象每天都会发生。前面也提到，太阳在潮汐形成中也起着重要作用，尽管作用较小。

　　在开阔的海域，月球的引潮力大约能让海水升高3英尺（约1米），但在每个特定的位置，受海床的角度和深度、海滩的形状以及盛行风的强度等影响，这个高度会有很大变化。因为月球轨道上各点与地球的距离不同，所以月球运行至不同位置时对地球的引力也不同。当它离我们最近的时候，它让潮水更高。如果此时恰逢满月，太阳的作用也叠加进来，那么各地就会涨起超高的潮，被称为"近地点潮"（perigean tide）。如果你想体验地球上最高的潮水，那就去新斯科舍省的芬迪湾吧，在合适的条件下，那里的海水可以涨到53英尺（约16米）高！

　　地月间的引潮力既导致了地球自转速度减慢，也导致了我们只能看到月球的一面。地球更快的自转速度使得朝向月球的隆起比地月连线稍高一些。隆起的部分有质量，因此有引力，拉着月球沿轨道向前。同时，月球的引力像拔河一样以反方向拉着隆起部分。液体和固体部分之间的摩擦逐渐减慢了地球的自转速度。

　　国际地球自转和参考系服务（International Earth Rotation and Reference Systems Service，IERS）每隔一段时间要往一天中增加闰秒，就是因为考虑到了潮汐摩擦所导致的地球自转速度减慢。100年以后，每天的时长都会比现在长2毫秒。根据对名为"韵律层"（rhythmite）的海岸线沉积物的研究，人们发现6.2亿年前，地球上的一天大约是22个小时。在遥远的未来，我们的后代将经历更长的一天，有望拥有更多的自由时间。

与此同时，地球因潮汐摩擦而损失的能量转化成了能够扩大月球轨道的能量，使得月球正以每年1.5英寸（约3.8厘米）的平均速度远离地球。

数十亿年前，月球自转的速度比今天快得多。由于它的自转，那时的观测者可以看到月球的每一面。但随着时间的流逝，月壳岩石的两个隆起带来的摩擦使月球自转不断减速，直到隆起只指向一个方向，即与我们的地球连成一线。这时，月球被潮汐锁定（基本上是阻力最小的路径），其自转速度与绕地球公转的速度完全相等。这就是我们只能看到月球一面的原因。

引力是一个或多个物体之间的相互作用，在地月系统中体现得尤其明显，相对地球来说，月球是比较大的。显然，我们在彼此的引力下已经存在了数十亿年。

行星、彗星
和小行星

如果你正在寻找毫无科学根据的戏剧性故事，那就让我给你讲讲尼比鲁（Nibiru）吧，这是一个从未消亡的网络文化。1976年，撒迦利亚·西琴（Zecharia Sitchin）出版了《第十二个天体》（The 12th Planet）一书，尼比鲁这颗假想的将与地球发生碰撞的行星正是因这本书出现在大众视野中。这本书的基本假设是数十万年前，一个名叫"阿努纳基"（Anunnaki）的外星文明从尼比鲁来到地球，通过基因工程创造了第一批人类——中东古老的苏美尔文明。

按照西琴对苏美尔神话和艺术的独特解释，有着外星文明的尼比鲁行星是地球的4倍大，比冥王星距离太阳还要远得多，每3,600年绕太阳一圈。此外，尼比鲁每3,600年就会回到内太阳系一次，此时阿努纳基人会乘坐他们的宇宙飞船造访地球。

西琴的书从过去到现在一直都广受欢迎，全球销量数百万册，并拥有大批狂热的信徒。有些信徒声称尼比鲁（有人把它叫作"X行星"）将于2003年回归。但它并没有发生。这波热度虽然消散了，但就像这类奇幻故事的典型套路一样，2012年关于尼比鲁的讨论又死灰复燃，人们将它与玛雅长历法预言的2017年9月23日的世界末日联系在一起。但尼比鲁仍然没有出现。从那时起，人们就将尼比鲁与一切事物混为一谈，从"第二个太阳"到飞机尾迹，再到2011年的叶列宁彗星都被包括在内。叶列宁彗星是一个在完全不同的轨道上运行的小天体，最终在接近太阳时解体了。

　　将与地球相撞的行星、小行星或彗星已成为大众文化中层见叠出的话题，对此我有话要说。对即将到来的厄运的恐惧已深深融入我们的DNA中。我们作为一个物种能存续这么久，一部分原因是我们善于想象灾祸，当灾祸来临时抗争或逃跑总比措手不及强得多。我们也喜欢美好的故事。

▲　　恶魔般的尼比鲁撞击地球的想象图。(佩里斯·拉吉奥斯[PeristLagios]1999 CC BY-SA 4.0)

　　让我们用事实说话。"尼比鲁"这个词确实存在。它是一个古老的苏美尔用语，在非天文学语境中的意思是"交叉"或者"交叉点"。而与天文相关时，"尼比鲁"就有多重含义了：木星、巴比伦主神马尔杜克、水星，或更常见的是指一颗恒星。"尼比鲁"这个名字可能用于指称正处在天空中关键交会点(如二分点或二至点)上的行星。而西琴却将这种"交叉"解释为尼比鲁从遥远的地方穿过其他行星的轨道进入内太阳系。好吧，但老实说，这个解释太牵强，缺乏凿实的数据。

和其他所有文明一样，在望远镜发明前，苏美尔人只知道夜空中有五大行星：水星、金星、火星、木星、土星。由于是将一颗熟悉的行星称为"尼比鲁"，所以他们显然并没有暗示在已知的那些行星之外还有其他行星。记载清楚地表明，尼比鲁每年都会出现，而不是每3,600年才有一次。那么阿努纳基呢？他们是神话中决定人类命运的重要神灵。

纵观历史，神灵都被赋予了凡人无法拥有的超能力。在这方面，苏美尔文明的神灵并没有什么特殊性。神灵创造人类并不是一个新观点，而让来自其他行星的上古宇航员扮演神灵的角色定期造访地球不过是"新瓶装旧酒"，它的真实性经不起推敲。

首先，西琴对尼比鲁的解释并不符合苏美尔人对这个词的理解，而在更实际的意义上，一颗定期穿过内太阳系的大行星，只需绕太阳几圈，就会让其他行星的运行变得不稳定。同样，这些行星的引力也会改变尼比鲁的轨道。

人们认为尼比鲁会在2003年和2012年经过地球附近。若果真如此，那么当它到达火星轨道时，人们应当能用肉眼轻易看到一颗缓慢移动的"星"。然而人们却什么都没看到。即使尼比鲁因某些原因不能被肉眼看见，天文学家也能探测到它对其他行星运行轨道的影响。由此，天文学家就可确定其位置，并将望远镜对准它。

有人说是美国国家航空航天局隐瞒了尼比鲁的存在，但即便是如此也没关系。在美国国家航空航天局的天文学家们领着工资的同时，全球每晚还有千千万万名专业天文学家或业余天文爱好者观察和拍摄星空。更不用说那些在大学里工作的专业天文学家，他们独立于政府，也独立于美国国家航空航天局之外的太空机构，如欧洲航天局、日本宇宙航空研究开发机构、俄罗斯联邦航天局（Russia's Roscosmos）、中国国家航天局（China National Space Administration，CNSA）。没有哪颗行星能够逃过这些天文观测者的"法眼"。

面对那些美国国家航空航天局隐瞒真相的无稽之谈，美国国家航空航天局或专业天文学机构应该如何应对？如果指出那些说法没有科学依据，这些机构就有可能面临导致更多人接触到伪科学的风险。而若保持沉默，有些人就会说这是隐瞒真相的又一个证据。这真是进退两难。有时，美国国家航空航天局会尽力去消除一些已经失控的顾虑。2012年，美国国家航空航天局喷气推进实验室（NASA's Jet propulsion Lab）的高级研究员唐·约曼斯（Don Yeomans）在YouTube上发布了一个视频，试图缓解人们在玛雅历法预言的背景下对尼比鲁的恐惧。他用平和又体贴的方式缓解了一些焦虑，但由恐惧和谣言构建起来的整个事件本来就不应该发生。

长期以来，天文学家一直在研究海王星以外是否可能存在行星，甚至假想了第九大行星，但所有可能的行星都会沿着海王星之外的轨道运行，永远不会接近地球。我们所知的唯一能从尼比鲁那样远的地方进入内太阳系的天体，就是来自奥尔特云的彗星。奥尔特云分布在2,000到100,000倍日地距离的范围内。

彗星是小型冰质天体，通常直径只有几千米。它们位于远离太阳的地方，那里接近绝对零度。它们的表面温度低于-400°F（约-240℃），那里也没有大气，不太可能是一个高级物种建立文明的地方。更不用说这些天体在接近内太阳系时，随着太阳热量的逐渐增加，会部分蒸发。

如果一开始听说尼比鲁时就觉得它是编造的，那你就是遵循了内心的怀疑精神。每个人心中都有一个"辨伪仪"，我们会有意无意地用它来判断我们获知的是否是真相。这种内在的检验叫作"第六感"。有时我们的辨伪仪会有点儿失灵，尤其是当我们不熟悉基本的科学原理时。这使我们很容易成为一些人的目标，这些人会利用我们的无知哗众取宠、兜售书籍或是煽动恐惧情绪，有些人这样做仅仅是因为他们自己对事实的无知。

互联网是查资料、做研究的好地方，但也充斥着错误信息和没有科学根据却有人钟爱的"理论"。所有分享相关科学信息的人都要对受众负责，在把自己的想法说成科学之前要仔细核对事实。

提出观点、做出猜测并没有错，但读者和视频观众应该知道事实到哪里结束，想象从哪里开始。报纸上清楚标明了社论版面，这样读者就知道他们何时进入了阐述观点的领域。一些人有着钟爱的"理论"，有着猜想、假说，有着符合内心期待的预设。请这些人承认自己可能是完全错误的。请坦率地告诉读者，你的观点只是一种解释，缺乏确凿的、可检验的证据。当谈论未被探测到的行星和上面神灵般的宇航员时，我们需要极为充分的证据。

我有一种非凡的能力，可以从浴巾和瓷砖地板的图案中看到男人和女人的肖像画。什么，你也可以？！我放松眼睛后，一个模糊的轮廓出现了，接着我用想象填补空白，以使细节更加丰富。几秒钟后，一幅杰作就出现在我的眼前。

　　如果你也能在本没有面孔的地方想象出面孔，那说明你陷入了幻想性视错觉，这是一种人类在本没有图像和图案的地方看到熟悉的图像和图案的倾向。这种情况经常发生，常见的是想象出面孔和动物。识别人脸是我们与生俱来的能力，在我们的脑海中根深蒂固。想一想在生死关头找到一张友善的面孔有多么重要。此外，识别图像的能力还可以帮助我们寻找食物、庇护所以及同伴。正因如此，罗夏墨迹测验（Rorschach inkblot test）是一个有用的工具：我们投射到抽象图案上的内容可能会告诉我们一些有关自己的事情。

　　没有人会把毛巾上的面孔当真，对吧？然而事实并非总是如此。对于拍摄自火星、月球这类陌生之地的照片，我们的想象力就很容易走偏。这就解释了为什么有些人认为他们在美国国家航空航天局的勇气号火星探测器于2008年1月25日拍摄的照片上，看到了大脚怪、其他类人物种以及动物在岩石周边漫步。我和你可能只是觉得岩石和动物看起来非常相似，但一些人更进一步地认为他们看到了真实的生物。

这真是一个巨大的飞跃。让我们停一下，考虑几个关键事实。首先是照片中大脚怪的大小。AlgorimancerPG软件可以用来测量火星车拍摄的图像中那些特征的距离和大小，我们用它可以确定，那个奇特的岩石大约距离火星车15英尺（约4.6米）远，其高度最高不过2.4英寸（约6.1厘米）。好吧，也许它是个极小的婴儿大脚怪，但是它真的很小。你不认为它更有可能是一块受到侵蚀的奇特岩石吗？在过去的几十亿年里，裹挟着尘土的风到处搅动着火星上的沙土。

▲　在美国国家航空航天局的勇气号火星探测器于2008年拍摄的照片中，一个栩栩如生的"大脚怪"在火星上漫步。遗憾的是，它是一块岩石，只有约2.4英寸（约6.1厘米）高。（美国国家航空航天局／加州理工学院喷气推进实验室）

还有一个原因可以说明它不可能是生命。火星车拍摄的彩色照片并不是一次性完成的，而是通过蓝色、绿色和红外滤镜拍摄了三张照片后，将它们叠加成一张彩色照片完成的。这个过程耗时1分多钟,在此期间,大脚怪很可能已经移动了。我的意思是,它会表现出典型的跨步样态。

还没心服口服?再看看当时的天气。勇气号探索的是古谢夫环形山及其周边区域,那里日间平均温度在-50°F(约-45°C)到23°F(约-5°C)之间。我承认这还不足以致人死亡,但火星上的大气比地球稀薄,是地球的1%,且二氧化碳占96%。在此环境下,任何哺乳动物都会窒息,感到血液沸腾,然后昏迷不醒,最后被冻得僵硬。

根据易于获得的信息以及我们会不自觉地将所见图案随意发挥的能力,我们可以肯定地说,"大脚怪"并不会生存在火星上。它们也不可能存在于地球上,不过这是其他文章要讨论的内容。

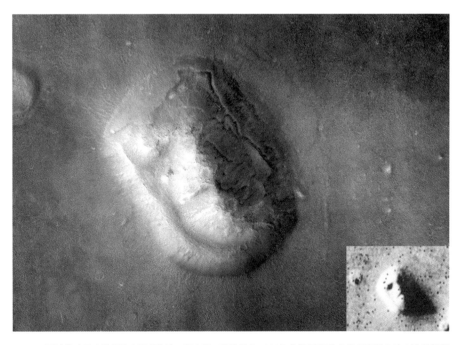

▲   原始的火星人脸图(小图)酷似一张人脸,此图是由1976年美国国家航空航天局的海盗1号探测器拍摄的。美国国家航空航天局的火星勘测轨道飞行器拍摄的高分辨率图像更好地揭示了这张脸的本质,它是火星上众多被侵蚀的山丘之一。(美国国家航空航天局/加州理工学院喷气推进实验室)

我们本就易受影响,而诸如光线不足、缺乏细节和照片模糊等因素都会使我们误入歧途。找时间去网上搜索"火星外星人",你会发现众多视频都以火星车的照片为素材,声称照片上有藏在阴影里的外星人、大脚怪的头骨,甚至人形拇指。火星在我们的幻想中有着特殊的地位。

1976年,海盗1号探测器在环绕火星的轨道上以低分辨率(当时是最高的)的相机拍摄了一些照片,照片上似乎显示出一张刻在岩石上的人脸正盯着地球看。这一景观位于西多尼亚地区,那里满是丘陵、台地和山包,有些组织和个人就将其视为智慧生命存在的证据。不久之后,这个台地被称为"火星之脸",人们把它想象成火星人的作品,在其附近发现的"金字塔"和其他"建筑"也被认为是火星人建造的。

美国国家航空航天局的成员们以一种更为平和的方式做出了解释:低分辨率和光线不足是罪魁祸首,我们倾向于将其看成人脸也是原因之一。在未来的火星探测任务中使用更好的相机,就可以消除这种错觉。

事实的确如此。目前火星勘测轨道飞行器所载的高分辨率相机可以在186英里(约300千米)的高度处看清小到11.8英寸(约30厘米)的细节,清晰地显示出"火星之脸"只是一个2英里(约3千米)长的被侵蚀的山丘。在光影的把戏下,人们很容易将它看成人脸,而一旦用了更好的相机,脸就消失了,只剩下错综复杂的侵蚀痕迹。

是的,我希望这是火星人的作品。这样的信念也难以消亡,有些人仍然指责这是美国国家航空航天局的阴谋。但现实经验告诉我们,感官会欺骗我们。我们希望能够相信这一切,但绝不能把逻辑和事实抛之脑后。

当遇到令人难以置信的故事或不可思议的图片,尤其是它们出现在社交媒体上时,请记住:特殊的说法需要特殊的证据。一个说法越怪异,例如大脚怪在火星上漫步这种说法,就越需要证据来说服我们它是真的。只是看起来像某物是远远不够的。已故的美国天文学家、天文学传播者卡尔·萨根(Carl Sagan)让这句话广为流传。我也喜欢这句话,因为它让我们时刻保持警惕。

彗星导致地震

有些人可能看过1997年春天傍晚闪耀的海尔－波普彗星（Comet Hale-Bopp），或是2007年的麦克诺特彗星（Comet McNaught），它那像孔雀尾一般的壮丽彗尾在南半球夏季傍晚的天空中绽放。如果有人没见到过，不妨用浏览器搜一搜。彗尾是彗星最有标志性的特征，使它看起来像悬浮在天空中的巨大火球。彗星看上去很吓人，也是造成我们的祖先对它感到恐惧的一个原因。更糟糕的是，与可以预测的恒星和行星不同，彗星的出现毫无征兆，总是出人意料。至少在欧洲历史上，彗星一般不受欢迎，人们认为它会导致瘟疫、火灾、国王驾崩和战争中的厄运等一系列灾祸。这让人想起我们仍然把高犯罪率和高出生率归咎于月球。

我们通常用肉眼或双筒望远镜看到的明亮的彗尾是由细小的尘埃组成的，这些尘埃的大小与香烟烟雾中的颗粒差不多，它们通过散射太阳光而发光，就像阳光透过窗户照亮灰尘一样。彗尾的典型长度在60万到600万英里（约100万到1,000万千米）之间。在1996年春天大放异彩的百武彗星（Comet Hyakutake）是目前记录的保持者（截至2019年年初），其彗尾长达3.54亿英里（约5.7亿千米），是日地距离的4倍多。

注意：如果你可以拿着扫帚前往那里，把所有尘埃扫成一堆，那么一个普通的手提箱就能把这堆尘埃装下。构成彗尾的物质就是这么少。尘埃和由水、一氧化碳、二氧化碳、甲烷、氨组成的冰一起构成了彗星的固体部分，叫作"彗核"。彗核既不是很大，也不像小行星那样是致密的岩石，而更像一个易碎多孔的脏雪球。我喜欢把它比作冬天堆积在汽车车轮挡泥板里那些又脏又黏的雪。

▲ 麦克诺特彗星，也被称为"2007年大彗星"，是2007年冬天[1]南半球可见的壮观景象。（欧洲南天天文台［European Southern Observatory，ESO］/塞巴斯蒂安·德里斯［Sebastian Deiries］）

当一颗彗星离太阳足够近而使冰蒸发时，就会释放出尘埃。日光轻拂，将这些细小的颗粒推到彗头之后，形成长长的彗尾。众所周知，彗核的直径极难测量，因为它们被蒸发的冰所释放的尘埃和气体包裹起来了。根据若干飞掠彗星的探测器和一次探测7颗不同彗星的任务带给我们的数据和照片得知，不同彗核的尺寸差异很大，最大的能大到海尔-波普彗星彗核的37±7.5英里（约60±12千米），最小的能小到P/2007 R5彗星的1,050英尺（约320米）。大多数彗核只有几千米宽。

---

1 这里说的是北半球的冬天，即南半球的夏天。——译者注

哈雷彗星（Halley's Comet）的彗核直径为6.8英里（约11千米）。如果站在它那满是尘埃的冰面上，一个200磅（约91千克）重的人大约只有0.16盎司（约4.5克），相当于一茶匙糖的重量。有人计算出哈雷彗星的总质量与珠穆朗玛峰相等。想想看，与地球的质量相比，珠穆朗玛峰是多么微小的一部分。就算拿它与月亮相比，结果也是如此。而大个头的海尔-波普彗星只有地球质量的五亿分之一。

此外，每当彗星穿过内太阳系时，来自太阳的热量会蒸发掉其一部分质量。哈雷彗星最近一次回归是在1986年，在顶峰的时候每秒可流失30短吨（约27吨）的气体和24短吨（约21.9吨）的冰！尽管彗星的质量足以维持各种轨道周期，但随着时间的推移，它们可能会逐渐消失。

质量和距离共同决定了物体的引力强度。如果一个物体质量很大，离一颗行星又很近，那么这颗行星将受到很强的引力。但是如果距离很近，质量却很小，那行星受到的引力就可以忽略不计。彗星与地球相比太小了，所以它们的引力也微不足道。但事实上，情况正好相反。一颗接近地球的小行星或彗星沿一个轨道飞来，最后会沿一个稍稍不同的轨道飞走，因为它的轨道因地球引力而改变了。迄今为止，最近的彗星是在距地球110万到300万英里（约180万到480万千米）的区域内通过的。

除非彗星直接撞到地球上，否则我们就不必害怕它们。就我们目前所知，至少在未来100年内，没有已知的小行星或彗星会撞击地球。我们根本不用担心距地球数百万英里的彗星。我们可以从理论上测出一颗5,000万英里（约8,050万千米）外的彗星对地球的引力，但这个引力比此时此刻珠穆朗玛峰对你的引力还小。

如果你曾听人说彗星可导致地震或灾难性天气事件，以上就是你能确信彗星与这些灾难毫无瓜葛的理由。即使一颗彗星与地球及另一个天体连成一线也不会产生什么影响。无论是否连成一线，彗星对地球的引力都是一样的。由于彗星对地球的引力一开始就是微不足道的，所以即使连成一线也并不会增强它对地球的引力。天体连成一线并不会产生什么魔力。就算是质量比最大的彗星还大很多的行星，虽然有着更强的引力，但它们与地球的距离太远，所以其对地球的引力效应几乎可以忽略不计。

以最大的行星——木星为例。它对地球的引力是所有行星中最强的，但它的引力仍然只有月球引力的0.0000068倍！金星的引力次之，是木星的94%；再次是火星，为木星的41%；剩下所有行星的引力都不到木星的7.4%。即使八大行星有可能（其实不可能）精确连成一线且其余七颗都处于地球同侧使引力叠加到最大，地球受到的引力仍然是微不足道的。相比之下，太阳对地球的引力要高29个数量级。其他所有行星的引力在它面前都相形见绌。

地震和恶劣天气都有其他公认的原因，这些原因都来自地球。地震源于地下断层中岩石的运动，而天气终究是由太阳的热量以及气压、湿度、风的变化引起的。如果彗星出现的同时发生了地震，我们很容易就将两者联系起来，这是可以理解的。同时发生的事件或巧合似乎暗示着一种联系，仿佛是一件事导致了另一件事或两者有共同的原因。但在万事万物的宏观尺度下，巧合总是在发生。想想看此时此刻同时发生了多少事情。事实上，我们没有足够的精力去关注那么多的巧合。我们只倾向于记住那些带有戏剧性的事件或有深刻的个人意义的事件。

几年前，我的母亲去世了。在收到消息之前没多久，我刚拒绝了与朋友们一起露营过夜的提议，而是开车回家。回家的路上我接到电话说我的母亲不在了。我很庆幸能回到我妻子身边，而不是和朋友们围着篝火讲故事。是我预感到了什么才做出这样的选择吗？并不是。我是出于其他原因离开了露营地，两件事只不过是同时发生而已。人们很容易相信，一个人的巧合是由某只看不见的手引领的，但我坚信世界不是这样运转的。许多人可能不同意我的观点，我完全理解，但你也看到了，我坚持我的观点。

有时，紧挨着发生的两件事之间确实存在联系，比如闪电和打雷。我们知道这意味着什么：赶紧寻找遮风避雨的地方！的确，人们将事物关联起来的倾向有助于我们的生存,但有时我们会把事情做过头,这是人类的又一个普遍特征。

2011年,这种错误的强加关联给人们带来了一阵恐慌。这一年,天文学家预测稍早发现的C/2010 X1彗星(叶列宁彗星)可能会变得非常明亮,亮到肉眼可见。在这颗彗星飞往内太阳系的过程中,日本发生了一场大地震。那些本该去了解地震真相的人将这一悲剧归咎于"彗星、地球和另一颗行星连成一线"。当我们知道了叶列宁彗星轨道的形状和长度后,立即有人回溯了它的轨迹并宣称,早期的彗星与行星的连线与中国、秘鲁、印度尼西亚及其他许多地方所记录的诸多地震相匹配。叶列宁彗星正在发狂!不久之后,人们就称它为"末日彗星"。

但是,事件之间的相关性并不意味着它们之间一定存在关联。此处我们又犯了那个错误,即因为两件事同时发生,就认为两者有联系或是一件事导致了另一件事。同样的错误也出现在上面将彗星与行星的连线列出,并与地震时间比较,发现了许多匹配之处的那个人身上。彗星真的导致了这些可怕的事吗?

▲   2011年8月19日(左图)到9月2日(右图)之间,C/2010 X1彗星(叶列宁彗星)在我们眼前逐渐解体。(迈克尔·马蒂亚佐[Michael Mattiazzo])

让我们用我洗衣服的日期来代替地震。假如每周洗一次衣服，我很容易就能找到许多次与这些日期相匹配的地震，因为地震发生的频率很高。2级和更小的地震每天发生数百次，大地震（7级）每月也会发生一次以上。最后，我的比较研究发现，每次我洗衣服时几乎都会发生地震。是我洗衣服导致了地震吗？再举一例。我们可以说，在过去的三年中，黑袜子销量的增速几乎与美国各地报道的野火数量的增速相同。好了，你应该明白了。

有时人们为了建立联系会挑选数据，只选择与他们观察到的现象相关的数据。显然这也是一种禁忌。这可能会坚定你个人对某事的信念，但其并不可信。

所以，彗星不会导致地震。行星、行星与恒星的连线也都不会。我们可以欣赏一种表象的联系，但我们知道这并非事实。

最后提一点：具有讽刺意味的是，最终遭遇厄运的是叶列宁彗星。在即将接近太阳时，它就解体成碎片，最后消失了。

明亮的彗星很少见，但它们创造的形象在大众的脑海中挥之不去。明亮的头、长长的尾巴使人们很容易将彗星和流星联系在一起，两者的形象的确有些相似。实际上，流星与彗星关系密切。我们看到的大多数流星，无论是每晚的偶发流星，还是备受期待的年度流星雨（如英仙流星群），都是由彗星被阳光加热而散逸的小块岩石碎片和沙子大小的颗粒混合而成的。

　　冻结于冰中的岩石和尘埃被蒸发到了彗星的临时大气中，名叫"彗发"。在太空中不需要太多的力就能将微小的尘埃和气体推动，太阳光照形成的物理压力推动这些尘埃和气体，形成彗尾。从彗发和彗尾中散逸的物质沿着彗星轨道扩散，其中一些物质在地球大气中燃烧形成流星。大部分物质都是微小的颗粒，无法落到地面上成为陨石。

　　彗星和流星的重要区别还有很多。首先，彗星的距离更远，远到可与行星的距离相提并论。恩克彗星（Encke's Comet）每3.3年绕太阳一周，是内太阳系的常客。它离地球最近时，两者相距1,600万英里（约2,570万千米）。流星是在地面以上50到75英里（约80到120千米）处燃烧发光，无一例外。流星的寿命很短暂，通常只有几秒钟，随后就在大气中消散了。亮度与金星相同甚至超过金星的流星叫作"火流星",有些流星的亮度可与太阳相媲美。有些火流星[1]会在大气中爆炸,有可能变成陨石雨落到地面上。

流星体是彗星散逸的或小行星相撞所产生的固体颗粒。流星体以2,500到160,000mi/h(约40,200到257,500km/h)的速度撞击大气层,进而变成流星。一颗流星的寿命是如此短暂,以至于你都来不及在它消失前告诉你身边的人抬头看看。彗星绕太阳运行的速度几乎相同,但由于它们离得太远,所以在我们看来,它们在天空中移动的速度相当慢。同样的道理,与起飞时近距离看到的飞机相比,已升空的遥远的飞机看起来就像在爬。

▲　海尔-波普彗星(左图)和一颗明亮的火流星(右图)看起来都是跨越一部分天空,但彗星几乎是静止的,因为离得远,而离得近的流星几秒钟就划过了。(鲍勃·金[左],维杜尔·帕卡什[Vidur Parkash,右])

彗星的运行速度随其与太阳距离的变化而变化。离太阳越近,它运行得越快。从地球上看,彗星在天空中的视运动或速度也取决于它与我们的距离。一般来说,近距离的彗星每天在天空中位置的改变要比远距离的大。

1　原文中用亮度定义的火流星称为"fireball",用爆炸定义的火流星称为"bolide"。据中国天文名词委的《天文学名词数据库》,这两个英文单词的译名均被审定为"火流星"。——译者注

我曾观测到遥远的彗星在几个晚上几乎没有移动，尽管它们都正以每小时数万千米的速度运行着。一颗典型的亮彗星每天移动1°到2°，相当于你伸直手臂指向天空时大拇指的宽度。

IRAS-荒木-阿尔科克彗星（Comet IRAS-Araki-Alcock）是近年来离地球很近的明亮的彗星之一。1983年5月初，它安全掠过距我们仅有280万英里（约450万千米）的地方。那时该彗星三个晚上移动的距离一共达100°，最快速度为每小时约三个满月宽度[1]。这个速度还是比流星慢得多，但对彗星来说已经是一场加速竞赛了。

彗星和流星之间还有一个重要区别：彗星不会在闪现后消失。关于哈雷彗星最早的可靠观测记录可追溯到公元前240年。其他许多彗星也是一次又一次地回归，它们运行的轨道可延伸到外太阳系几十亿千米外的地方。尽管以行星的标准看，彗星非常小，而且每次回归到太阳附近时都会因太阳热量而缩小，但它们的寿命相当长久。

1　即1.5°。——译者注

无论是在电视上、电影中还是在日常对话里，你都能听到许多刚刚诞生的理论。一些人常常以"我得出一套理论"开头，然后说出他们最好的预感或猜测。我不是一个纯粹主义者，所以一般不会到处纠正人们对"理论"一词的使用。但由于这个词与本节内容的主题有关，所以让我们先来看看理论是什么。

美国国家科学院（National Academy of Sciences）将理论定义为"在大量证据支持下，对自然界某些方面的详尽解释"且"可用于对尚未观察到的自然事件或现象做出预测"。美国国家科学院是1863年根据林肯总统签署的国会法案而成立的非营利的民间组织，致力于就科学和技术问题向国家提出建议。

理论既不是猜测也不是推测，而是经过多年的数据收集、实验和计算机建模，不懈努力证明出的事实。一个理论不仅可以解释已知的现象，还能对我们尚未观察和测量到的有关现象做出预测，并将其整合在一起，成为我们理解自然的一种新方式。

如果一个理论的预测是错误的，或是人们发现了与此理论相悖的新证据，那么科学家有两种选择：一是他们可以修正理论以纳入新的数据；二是若理论与证据矛盾太大，他们可能会对理论进行大幅修改或用新理论取代旧理论。科学正是以这种方式进行自我修正的。像托勒密体系这种将地球置于太阳系中心的旧理论后来就被哥白尼的日心说取代了。开普勒发现行星绕太阳公转的轨道是椭圆形的而不是圆形的，从而修正了日心模型。

数学是众多理论的基础，尤其是物理学、天文学的基础。如果你能从数学上证明一个理论，那么持怀疑态度的科学家就更容易接受你超前的新观点。新的事实可以更改和扩展一个理论，但必须得到数学的严格证明和观测数据的严格证实。一个理论在根本上偏离常规理论越远，理论家就需要提供越多的实验证据来说服其他科学家。科学家是一群非常喜欢质疑的人，他们乐于从各个方面寻找你理论中的漏洞，让它接受层出不穷的检验。但如果你的结果和预测每次都能得到证实，那么这个理论就变得更加可靠。这就好比一个超级英雄通过吸取其他超级英雄的能量来获得力量。

经受住反复挑战并至今仍然屹立不倒的理论有很多，典型的例子有：日心说（太阳系的中心是太阳，1543 年）、燃烧的氧化理论（18 世纪 70 年代）、板块构造说（1912 年）、量子理论（20 世纪初）和自然选择学说的进化论（1859 年）。科学家会对细节展开进一步讨论，但所有这些理论都被认为是事实。每一个理论都带来无数新发现、新预言和全新的知识大综合。它们是我们宝贵的财富。

让我们把目光转向宇宙电流学说（electric universe theory）。如果花些时间上网，你就会在不经意间看到该理论的支持者们发布的视频，他们认为电力是宇宙中的基本力。这个"概念"的创始人之一华莱士·桑希尔（Wallace Thornhill）在澳大利亚的墨尔本大学（University of Melbourne）取得了物理学和电子学学位，但他离开了主流科学界，转而追求基于电力的宇宙图景。在宇宙电流学说看来，整个宇宙中布满了等离子体，电力线像宇宙中的路灯一样为恒星充电。不可见的电流穿过太阳系,导致了行星诞生、彗星带电、巨型闪电劈开火星峡谷等一切事物。但他们没有解释所有这些电是从哪里来的。

宇宙中有四种基本相互作用:引力相互作用、电磁相互作用、强相互作用和弱相互作用。后两种相互作用与亚原子粒子有关,不在我们目前的讨论范围内。我们感兴趣的是引力相互作用和电磁相互作用(带电粒子之间的力)。

尽管引力相互作用是亚原子粒子尺度上最弱的力,但它在整个宇宙中占据主导地位。它引起月球潮汐,使地球及其他行星保持在轨道上,还在45亿年前冰块与岩块(术语为"星子")聚集形成行星的过程中发挥了关键作用。电磁相互作用与引力相互作用不同,电磁相互作用在微观物质(原子和分子)上是很强的力,但当物体距离很远时(如行星与恒星间)就很弱。的确,人造卫星在极光爆发期间在高层大气中检测到了强大的电流,木卫一与木星磁场间的相互作用将这两个天体电性地连接起来,但这都是大宇宙中的小特例。

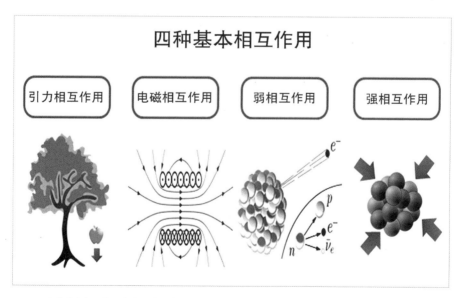

▲　四种基本相互作用各有其作用范围。引力相互作用遍布整个宇宙,电磁相互作用的作用范围则更具有局限性。而弱相互作用和强相互作用在原子尺度上起作用。(Kvr.lohith CC BY-SA 4.0)

宇宙电流学说将电力置于中心地位,视作宇宙的主导作用。该理论有众多观点，其中一条是认为彗星带负电，而太阳风（从太阳射出的粒子流）带正电，它们就像电池的两极一样。当彗星接近太阳、深入带正电的电场中时，正电与负电的相互作用会激发彗星使之发光。同时，强大的火花放电如静电一般击中彗星表面，产生大量尘埃和气体，而且让彗核变成了严重烤焦的面包的颜色。宇宙电流学说认为彗星是干燥的带电岩石，没有水也没有冰。

我们不仅在地球上仔细研究彗星，还通过利用探测器近距离飞掠和执行至少一次环绕任务进行研究。从2014年8月到2016年9月，欧洲的罗塞塔号探测器绕彗星67P，即楚留莫夫-格雷西缅科彗星运行了两年多。绕转期间，它发射了一个名叫"菲莱"的小着陆器，其在彗星表面（引力极小）经过多次反弹才最终着陆。宇宙电流学说的信徒曾预言，着陆器接近彗星表面时将被电击穿（注意，他们认为彗星带负电）。但这并没有发生。菲莱号成功着陆进行了实验，并将数据传回母探测器，直到它的电池电量耗尽。

▲　彗星67P（楚留莫夫-格雷西缅科彗星）喷出的气体和尘埃来自彗星的壳层下方，通过其表面的裂缝和孔洞散逸出来。（欧洲航天局/罗塞塔号/航空摄影机，CC BY-SA IGO 3.0）

彗星周围明亮的扇形区域在宇宙电流学说的信徒看来是放电的结果，实际上它们是彗星被太阳加热后，从表面下方喷出的尘埃和气体。彗星上的冰被加热后就会升华成气体，然后通过壳层中的裂缝或坑洞向外扩散。罗塞塔号是安全飞过了彗星67P众多喷射物中的一个，没有出现严重的磨损。菲莱号还收集了喷射物中的尘埃，现场对其进行了拍照和分析。结果是没有检测到火花，也没有记录到电流。

菲莱号还探测了彗星表面的冰块，测量了彗核中水流出的速度，其峰值达每秒几加仑。是的，就是水！彗星上有很多水。我们用地基望远镜发现了水，又在彗星靠近地球时通过罗塞塔号直接进行了探测。

至于彗星67P木炭般的黑色壳层，是由一层8英寸（约20厘米）厚的尘埃构成的，将下面的冰部分地隔绝开来。罗塞塔号和菲莱号都在彗发中探测到了富含碳的有机化合物，其中一些又落回彗星表面并积聚。多项实验表明，有机化合物暴露在太阳的紫外线和宇宙辐射中时就会黑化。由于彗星富含有机物，所以它们的表面比企鹅后背还黑也就不足为奇了。

那么，宇宙电流学说是像量子理论或者板块构造说这样的理论吗？显然不是。宇宙电流学说既没有给出任何数学分析或实验证据来证明其观点，也没有用传统的科学方法进行验证。宇宙电流学说的信徒不过是借助当前的科学研究领域，提出了基于电力这一单一概念的、未经实验验证的新奇想法。

既然经典的科学模型有效，为什么还有人费尽心思编造另一套理论来解释已经被解释过了的东西呢？有些人可能喜欢宇宙电流学说这种"一刀切"的风格。无论是已知的还是未知的，一切现象都能用电力这种我们熟悉的、符合直觉的力来解释。对宇宙电流学说的信徒来说，那些谈论暗物质、相对论、宇宙大爆炸的人都不过是夸夸其谈而已。

尽管宇宙电流学说用的是科学的语言，但它的的确确是伪科学，是一堆信念的集合，这些信念貌似基于科学方法，实则是未经证实的观点、猜测和假设。和其他伪科学组织一样，宇宙电流学说的鼓吹者往往会在一系列未解决的问题或"反常现象"中精心挑选，然后指责经典科学无法给出明确的答案。

知识的获取需要时间。过去没有人能想到我们会知道恒星是由什么构成的，但后来分光镜被发明了，我们就知道了。我们尚不清楚暗物质和暗能量的起源，但我宁愿在黑暗中摸索一段时间（请原谅，这是双关语），也不愿用一种预测效果不佳、一刀切的"理论"即刻获得答案。

一种观点认为，科学家对非科学家提出的替代"理论"不予理睬，一般是这样的。如果你是一位科学家或一位科学教育者，迟早会有人联系你说，自己有一个革命性的新想法，这个想法最终能解释一切。然而虽然这些想法听起来很有意思，还使用了科学术语，但读起来更像是没有科学研究支持的观点。有种罕见的情况，即像相对论这样疯狂的想法最终会成为下一个科学范式，你不能否认这一点。但每一个能击出全垒打的想法，在此之前一定有一千个界外球。

毫无疑问，宇宙电流学说的支持者和所有人一样热爱科学，但科学并不是相信符合你的世界观的看法，而是某种更前沿的东西——新发现将我们带到意想不到的地方。

2003年，网上出现了一篇帖子，声称当年8月27日火星最接近地球时看起来会和满月一样大。火星大概每两年与地球在太阳同侧相遇一次，这种现象叫作"火星冲日"。由于此时两颗行星距离最近，所以火星将在夜空中格外明亮。因为火星的运行轨道是椭圆形的，所以它与太阳的距离会发生变化。由此，冲日时火星与地球的距离也会发生变化，最为接近的情况每15到17年会发生一次。

　　那年8月有很多让人无比兴奋的事情，因为那次大冲时，火星与地球仅相距3,465万英里（约5,576万千米），这是火星自公元前57615年9月24日（近60,000年前）以来离地球最近的一次。一般的大冲，火星与地球间的距离会再远100万英里（约160万千米）左右，看起来只会比平时稍微大一些、亮一些。人们听说罕见天象时会十分兴奋，所以2003年的火星大冲在网上引起了轰动。

　　大约在同一时间，有人分享了一封电子邮件，邮件里面描述了火星与地球近距离相遇的细节，无意中制造了一个谣言。关键段落如下：

将火星适当放大75倍，在肉眼看来它就和满月一样大。将它与你的子孙分享吧！生活在今天的人不会再看到这个画面了。

▲　从地球上看，月球与火星的相对大小。你至少得把火星放大75倍才能得到与满月一样的视直径。（鲍勃·金〔左〕；美国国家航空航天局，欧洲航天局，哈勃遗产团队〔太空望远镜研究所／大学天文研究联合组织，右〕）

　　注意"放大75倍"后面的标点。这个小细节看上去很无辜，但可能是让人误解作者原意的关键因素。无论这段话是谁写的，描述的都是用望远镜放大75倍后火星的样子。当时火星的视直径为25角秒，这个值不到满月视直径的三十分之一。25角秒的视直径对火星来说很大了，但还是太小，以至于用肉眼乃至双筒望远镜都无法分辨出它的圆面。但如果你用望远镜把火星放大75倍，那么它的视直径就会扩大到和肉眼看到的满月的视直径相同。在天文学中，视直径就是指天体看上去有多大。如果你能以某种方式实现一只眼睛用望远镜看火星，另一只眼睛直接看满月，那么它们看起来将一样大。这不是一件容易的事，但还是有可能的，不过我不知道有谁尝试过。

接下来，不幸的事情发生了。当那封电子邮件在互联网上传播时，"适当放大75倍"的条件被省略了（或许部分原因就是标点），使得观星新手们期待着一个世界末日般的场景：一个恐怖的、月亮大小的火星照耀着地球。我记得当时我收到了铺天盖地的电子邮件，它们都在询问我何时可以看到这个不可思议的景象。

因为火星的直径大约是月球的两倍，所以要想让火星看起来和月亮一样大，就需要把火星从其轨道上拖出来，挪至距地球48万英里（约77.25万千米）的地方。这一情形就留给你自己去想象吧。

当年秋天，随着火星远离地球并逐渐变暗，谣言也逐渐消散了。但就像一只不停吠叫的狗一样，2005年这一谣言在网上再度出现，对火星冲日的描述也如出一辙："地球正在追赶火星，即将到达有史以来两颗行星距离最近的位置。8月27日……火星看起来将和满月一样大。"但火星与地球的距离达到最近是在那一年的10月。

现在我们称这类谣言为"火星骗局"，它可能会在2020年10月13日火星冲日时卷土重来，在2022年12月8日再来一次，反反复复永无止境。如果真是这样，当你的朋友问你发生了什么时，请你给他们讲述这个故事，然后带他们去窗外看看真实的景象。也许等越来越多的人认识到里面的错误时，这个谣言就会消失。但差不多到2287年8月28日时，火星与地球的距离要比2003年时还近。这又给新谣言的出现提供了机会。千万不要上当！

火星上经常有尘暴。大部分尘暴都是区域事件，但每过一段时间，一场小尘暴就会演变成席卷全球的洪水猛兽。2018年5月下旬，美国国家航空航天局的火星勘测轨道飞行器和一些目光敏锐的天文爱好者观测到了火星上的一次小扰动，随后它迅速发展，三个星期后，就成为有观测记录以来较强的尘暴之一。这场尘暴刮遍了整个火星，遮蔽了天空，并使美国国家航空航天局的机遇号火星探测车几周之内都被黑暗笼罩着。

　　阳光的缺乏使火星车的太阳能电池板无法使用，因而就无法给电池充电。没有了电力，这位机器"漫游者"最终在火星的严寒中倒下了，此后再没有人听到过它苏醒的声音。2019年2月13日，美国国家航空航天局正式宣布它的"死亡"。人类失去机遇号确实遗憾，但它的设计寿命只有90天，实际上它却在火星的恶劣环境中连续工作了近15年，远远超出了本来的预期，因此我认为我们可以将其称为有史以来最令人惊叹的机器之一。

　　即使是初学天文学的人也能看出2018年尘暴期间火星上发生了什么。通常用小型望远镜就能看到的火星深色区域和南极极冠都被橙色的尘暴完全遮盖了。

火星上的尘土比你家冰箱顶部的尘土要多得多。橙色的尘土覆盖了火星的大部分表面,并在大气中飘动,使火星的天空呈现出独特的奶油糖果的颜色。太阳像温暖地球一般温暖着火星表面,加热了表面附近的大气。温暖的大气上升,形成的风将尘土吹到空中。这是一个正反馈循环,可使和风迅速变成暴风。

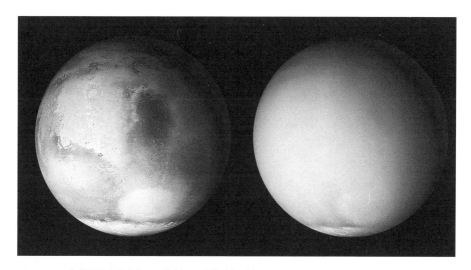

▲   2001年美国国家航空航天局的火星环球勘测者号轨道飞行器上的火星轨道相机拍摄的两张图片,显示
出在一场尘暴由南半球扩散至全球的过程中,火星的外观发生了巨大变化。两幅图的拍摄时间大约间
隔一个月。(哈勃空间望远镜/美国国家航空航天局/加州理工学院喷气推进实验室/多谱段扫描仪)

亚利桑那大学(University of Arizona)的行星地质学家菲尔·克里斯坦森(Phil Christensen)在谈到2001年的另一场全球性火星尘暴时说:"有一种理论认为,火星上的浮尘颗粒会吸收阳光的能量,使周围的大气升温。温暖的气团向较冷的区域涌去,形成了风。强风将更多的尘土吹离火星表面,从而进一步加热大气。"

更多的热量意味着更强的能量、更强的风,风把更多的尘土吹入大气,把小扰动变成大扰动。有时,多个较小的尘暴会合并成区域性的大尘暴,最终使充满浮尘的云扩散至火星全球。尘暴在火星南半球的夏季更常见,因为这时候一大部分南极极冠受到加热会迅速升华。不过尘暴几乎可以在任何时候发生。

当火星比平时更靠近太阳时（如2018年），加热效应会更加明显，从而导致更强、更持久的尘暴。每当火星与地球接近时，专业天文学家和天文爱好者都会仔细观测火星上是否有小块橙黄色云团的迹象，它们可能预示着下一场大型天气事件的爆发。

▲ 美国国家航空航天局的机遇号火星探测车停留在耐力环形山，以便在合适的时候进行自拍。它在2018年那次巨大而漫长的尘暴中挣扎了很久，直到2019年2月被宣布"死亡"。（美国国家航空航天局 / 加州理工学院喷气推进实验室）

火星大气比地球的稀薄，约为地球大气的1%，主要成分是二氧化碳。稀薄的大气在白天阳光下迅速升温，又在晚上迅速降温。夏季白天火星赤道的温度可达70℉（约20℃），但到了晚上就会降至-100℉（约-73℃）。火星年平均温度为-81℉（约-62℃），而地球的全球平均温度为53℉（约15℃），相比之下地球更加暖和。

火星上的平均风速为20mi/h（约32km/h），最高时可达60mi/h（约

97km/h）。虽然从速度上看，这种风还达不到地球上龙卷风的程度，但和雷暴产生的风差不多。这可能会让你觉得火星上最可怕的风确实有强大的力量，就像2015年的电影《火星救援》（*The Martian*）演示的那样。电影中描绘的恐怖大风会将设备掀翻，这肯定会让所有想报名参加火星宇航员任务的人犹豫。无论如何这是一部优秀的电影，其他方面的设定都很对，但有关风暴的场景主要还是基于科幻，而非事实。

有一个关键的细节被忽略了。因为火星上的大气不到地球的1%，所以一场风速为60mi/h（约97km/h）的强大风暴带给人的感觉只相当于地球上8mi/h（约13km/h）的风力。对一个被困在火星最大风暴中心的宇航员来说，这感觉就像夏天宜人的微风。风铃会叮当作响，但你的帽子不会被吹掉，当然这种风也不会像电影中描绘的那样摧毁设备。

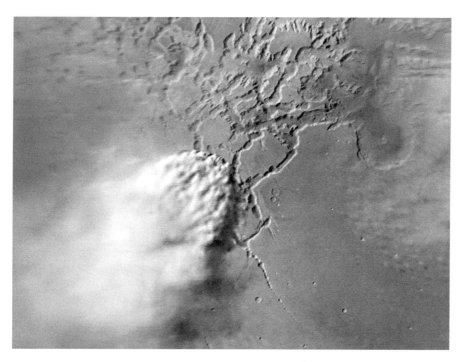

▲　2006年11月2日，一场尘暴侵袭了火星上的诺克提斯沟网（Noctis Labyrinthus）峡谷带。（美国国家航空航天局/火星勘测轨道飞行器/多谱段扫描仪）

戏剧性的情节能让电影看起来更有趣，所以电影将尘暴作为剧情的前提就不足为奇了。这并不是说火星尘暴不会带来麻烦。浮尘会大大降低能见度，遮盖太阳能电池板，不知不觉地进入设备，造成电力或其他系统的损坏。浮尘虽小，数量却多，这些细小的颗粒肯定会给未来的载人登陆火星任务的执行带来挑战。

为什么地球上不会出现全球性的尘暴而火星会呢？至少有两个原因与之有关：一是火星的引力较弱，二是火星上目前没有海洋。一旦大气条件成熟，尘暴就会来袭，而由于火星的引力较弱，被风裹挟的尘埃就会在空中停留更长的时间。同时，火星上没有水来润湿大气。地球上海洋的存在使得地表湿度增加，有助于清除低层大气的尘埃，还能阻挡或减缓尘暴穿越大陆。火星上没有海洋，一旦尘土飞扬，四处飘荡，随时都有可能席卷整颗星球。

火星的风既会造成很多问题，也会带来一些好处。浮尘总是堆积在火星车的太阳能电池板上，会降低电池板的效率。但就像演出结束后前去清扫舞台的人一样，火星上的一阵阵风会定期将电池板清扫干净，使之保持良好的工作状态，延长了勇气号和机遇号两辆火星探测车的寿命，直到它们"寿终正寝"。

如果你收听新闻或者上网，就会发现似乎总有小行星掠过地球。这是好事，这意味着几个专门发现和监测接近地球的彗星和小行星的巡天项目都在认真执行。

这些近地天体（Near-Earth Objects，NEOs）绝大多数都是小行星碰撞产生的碎片，被木星的引力推动进入内太阳系的轨道上，时而会从地球附近掠过。每周人们都会发现约40个新的近地天体。大多数近地天体又小又暗，很多都是近距离飞掠地球前几天才被发现的，所以经常是悄无声息地来，之后又迅速离开。

如果它们足够大且有可能在将来某个时刻撞击地球，就会被认定为"潜在威胁小行星"（Potentially Hazardous Asteroids，PHAs）。目前新发现的近地天体中，约有90%是由亚利桑那州的卡塔利纳巡天系统以及夏威夷的全景巡天望远镜和快速反应系统（泛星计划，Pan-STARRS）发现的。

截至2019年6月，我们已知的近地小行星（Near-Earth Asteroids，NEAs）有20,226个，它们的大小从3英尺（约1米）到20英里（约32千米）不等，并有约2,000个潜在威胁小行星，其中又有156个尺寸是大于0.6英里（约1千米）的。尺寸大于460英尺（约140米）、可在距地球轨道450万英里（约720万千米）的范围内通过的天体被天文学家界定为"潜在威胁天体"。它们可能永远不会与地球相撞，但在未来总有很小的可能性相撞。

▲　101955号小行星"贝努"，直径为1,614英尺（约492米），美国国家航空航天局的奥西里斯王号小行星探测器曾探测过它。它是一颗潜在威胁小行星，在将来某一天可能会撞击地球。（美国国家航空航天局/戈达德航天中心［Goddard Space Flight Center］/亚利桑那大学）

天文学家将划分的界线定为460英尺（约140米），是因为这被认为是造成巨大区域性影响的天体的最小尺寸，一旦潜在威胁天体撞击地球，就会导致一座大城市及郊区的大规模毁灭。如果它猛烈撞向海洋，毁灭性的海啸就会随之而来。这种规模的撞击大约每10,000年发生一次。

一颗直径几千米的小行星足以摧毁人类文明，大约每2,000万年就会有一颗这么大的小行星撞击地球。虽然这种程度的事件相当罕见，但在时间长河中，未来的撞击是不可避免的。我们只能想到约6,600万年前，一颗直径6

到9英里（约10到15千米）的小行星撞击了墨西哥的尤卡坦半岛，最终导致恐龙和它们的同类不幸灭绝。

现在的好消息是，据估计，对于直径大于0.6英里（约1千米）的近地小行星，人们已经发现了其中的93%，只剩下70余颗有待发现。这意味着我们已经监测到大多数真正的大威胁了，在可预测的范围内，没有一颗会在我们可见的未来威胁地球。但截至2012年，直径大于460英尺（约140米）的潜在威胁小行星只被发现了2,000多颗，仅占总数的20%到30%。130英尺（约40米）左右的更小的近地小行星有100万颗左右，它们的大小相当于一幢13层的楼，人们大约只探测到其中的1%。

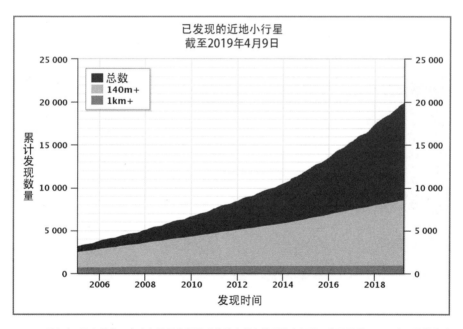

▲　近年来，天文学家一直致力于记录所发现的越来越多的近地小行星。此图是截至2019年4月的统计结果，并将数据分为三类：1千米以上的小行星、140米到1千米的小行星，以及发现的所有小行星。
（艾伦·张伯林［Alan Chamberlin，加州理工学院喷气推进实验室］）

2013年2月15日，一颗微小的小行星在俄罗斯车里雅宾斯克州上空爆炸。这颗小行星进入地球大气层前直径约为65英尺（约19.8米），之后以40,000mi/h（约60,000km/h）的速度冲进地球大气层，裂解成许多碎片。我们的大气层可以抵御较小的小行星，并将许多小行星粉碎成尘埃。还有一些小行星则被裂解成没有威胁的碎片，落在地上成为陨石。

每年人们会目击6到12次陨石坠落事件。你在新闻中可能读到，某地的人们看到一个巨大的火球，然后相关人士根据目击者描述、视频监控摄像头和多普勒天气雷达图像成功定位碎片所在。根据卫星数据和流星监控网络，每年估计有42,000颗大于10克（相当于2.5茶匙糖或2个镍币）的陨石落到地球上。每天会落下100多颗砾石大小或更大的陨石！它们中的大多数会落入海洋不见踪影，或是在白天落下不太引人注意。如果再算上所有质量不到10克的陨石，以及布满天空的颗粒大小的尘埃，那么地球每年会接收到37,000到78,000短吨（约33,600到70,800吨）的空间碎片。

▲　这张照片中的点是潜在威胁小行星2014SC324。它的直径约为165英尺（约50米），2014年10月24日从距地球仅有35万英里（约57万千米）的地方掠过。（詹卢卡·马西［Gianluca Masi］）

人们普遍有一个误解，认为抵近地球的小行星都对地球有威胁，它们都是直奔地球而来的。好在这样的小行星只是少数。和行星一样，小行星也是沿着轨道绕太阳高速运转的,速度通常为每小时几万千米。移动速度如此之快的天体向前的动量很大,地球的引力无法将其拉住。因此,当你听说一颗小行星将从比月亮还近的地方掠过地球时,就不必惊慌了。实际上,在接近的过程中受影响最大的是小行星自身。地球的引力可以改变其轨道,但与大家普遍认为的相反,地球不会把小行星"拉"过来。

与地球擦肩而过的小行星中,距离最近(截至2019年3月)的是小行星2011 CQ1,它的直径在2.6到8.5英尺(约0.8到2.6米)之间。2011年2月4日,它从距地球3,400英里(约5,500千米)处经过,随后安全离去。1990年10月13日,重约97磅(约44千克)、个头微小的EN131090小行星掠过地球大气层,并像流星一样闪出一瞬光芒,随后回到太空。在很短的一段时间里,它离地球表面只有61英里(约98千米)。

目前约有50万颗小行星有名字,天文学家已很好地掌握了它们的轨道,因而能提前预测它们的位置。可见,那些尚未被发现的小行星才是大的潜在威胁。地基望远镜只能在晴朗的夜晚发现抵近的小行星。天文台的团队使用程控望远镜对一片又一片天区进行拍摄,对每片天区都拍多张照片,每隔几分钟就拍一张。人们可以分析照片中两次曝光之间快速移动的物体,这是小行星或彗星离我们很近的确凿迹象。接下来就是通过追踪观测确定其轨道以及它是否构成威胁。

在本文撰写之时,卡塔利纳巡天系统(Catalina Sky Survey)的高级研究专员、天文学家理查德·科瓦尔斯基(Richard Kowalski)曾三次在小型小行星(产生陨石的那种)撞击地球几小时前发现了它们。第一颗于2008年在苏丹上空爆炸,众多小陨石落在沙漠之中,其中很多后来被研究人员发现。第二颗出现于2014年,在被发现21小时后坠入了大西洋。第三颗于2018年在博茨瓦纳上空爆炸。这三颗小行星的直径都在10至15英尺(约3至4.5米)之间。它们就像车里雅宾斯克州和古巴维尼亚莱斯上空的火球一样,都是直奔地球而来的。

天文学家目前无法观测到的都是在白天接近地球的潜在威胁小行星。它们在太阳的光辉中不可见，可以悄悄地靠近我们。这就是B612基金会（B612 Foundation）试图出资建造哨兵太空望远镜（Sentinel Space Telescope）的原因。该基金会是一个致力于保护地球免遭致命小行星撞击的组织。太空望远镜在其轨道上将处于一个理想的位置，能够追踪那些地基望远镜观测不到的天体。不幸的是，这个组织没有筹集到足够的资金，目前正在评估成本较低的替代方案。

国际天文学联合会小行星中心（International Astronomical Union's Minor Planet Center）在网上发布了一份关于在2178年前将抵近地球的潜在威胁小行星的列表。表中排在第一位的是直径为0.25英里（约0.37千米）的99942号小行星，即毁神星。预计在2029年4月13日，它将在距离地球约24,590英里（约39,600千米）的地方掠过。尽管这意味着毁神星将比可以传输全球电视信号的人造卫星更靠近地球，但它会安全飞掠。它会撞到人造卫星吗？可能性很小。与人造卫星环绕地球的广大空间相比，毁神星只是一个小点。

毁神星发现于2004年6月，在发现后不久，天文学家认为它有2.7%的可能性在2029年猛烈撞击地球。这是件大事。但屡见不鲜的是，更多的观测带来了质量更高、更加精确的轨道。到2013年，撞击地球的可能性已被完全排除。

美国国家航空航天局的奥西里斯王号小行星探测器采样返回任务（2019至2023年）的目标101955号小行星贝努，在2175到2199年间有两千七百分之一的概率撞击地球。但由于贝努的轨道不稳定，在接下来的3亿年里，它更有可能在撞击我们之前就已经落入太阳中了。

当你听说最近发现的小行星可能在未来若干年后撞击地球时，请不要轻信。随着更多观测结果的出现，几乎可以确定，撞击的可能性肯定会下降。

我期待着近距离掠过地球的天体，无论它是已知的还是新发现的，因为即使是相当暗淡的近地天体此时也会变得足够明亮，亮到在几小时到几天内人们用普通望远镜就可以看到。这些接近地球的天体移动得相当快，你甚至可以在短时间内看出它们相对于背景恒星的移动，它就像缓慢移动的人造卫星一样。每当我观测到这些小天体飞掠时，就会想到导致恐龙灭绝的那颗小行星。在它到达地面前几个小时，看起来一定就像是一颗这样的"移动之星"。

小行星撞击地球虽然罕见，但不可避免。这让我们对这些看似无害的光点有了新的认识。

1776年，德国天文学家约翰·提丢斯（Johann Titius）描述了当时已知的六颗行星的间距的奇妙关系。他注意到，当从最内侧的行星——水星开始往外，太阳到下一颗行星的距离大致是太阳到前一颗行星的两倍。

为寻觅行星间距离的关系，提丢斯从以下的数列开始：0，3，6，12，24，48。将其每一项加4，再除以10，得到的就是各颗行星到太阳的近似距离，以地球到太阳的平均距离，也就是1天文单位（A.U.）的倍数表示。简单换算一下，数列就变成了：0.4（水星），0.7（金星），1.0（地球），1.6（未知行星），2.8（火星），5.2（木星），10.0（土星），19.6……

另一位德国天文学家约翰·波得（J.E.Bode）在1778年将这个关系数学公式化，因而当今这个关系被称为"提丢斯-波得定则"。当1781年威廉·赫歇尔（William Herschel）在距离太阳19天文单位的位置发现天王星时，它与定则预测的19.6天文单位的地方十分接近，恰好落在了正确的位置。

但位于1.6天文单位的"未知行星"是什么情况？这里不应该有一颗行星吗？好吧，从某种意义上说确实是。这个距离恰好对应小行星带的位置，而当时无人知晓。赫歇尔的发现和对定则的成功验证促使波得鼓励天文学家去寻找这颗处于火星和木星之间的"遗失的行星"。提丢斯也认同，他写道："难道造物主在这片空间留白了吗？当然不是。"

▲　18世纪德国天文学家约翰·波得（左）和约翰·提丢斯（右），是提丢斯－波得定则的创造者。波得受眼疾困扰，他的右眼失去了正常功能。

　　一群自称"天体警察"的人很快组织起来，开始猎寻可能存在的新行星。猜猜发生了什么？他们没找到行星，但他们的方向是对的。意大利天文学家朱塞佩·皮亚齐（Giuseppe Piazzi）捷足先登，他在1801年1月1日发现了第一颗也是最大的小行星——谷神星[1]。波得和提丢斯干得漂亮。尽管这只是一时的胜利。随着越来越多的小行星被发现，火星和木星之间存在行星已是定论。而1846年和1930年海王星和冥王星[2]先后加入行星的行列，这两颗行星的距离也不符合数列。天文学家现在认为部分行星与太阳的距离之间的数字关系是一种巧合，而非自然规律。

―――――――――

1　2006年国际天文学联合会大会重新对行星、小行星等进行了定义，谷神星被重新定义为矮行星，也是海王星轨道以内的唯一一颗矮行星。——译者注

2　同样在2006年，冥王星被降级为矮行星。——译者注

很快，小行星的发现量增长迅猛。德国天文学家海因里希·奥伯斯（Heinrich Olbers）最先提出，这些天体可能是一颗大得多的行星爆炸或与彗星碰撞后解体形成的碎块。

这是我们熟知的小行星带的由来。截至2018年10月，天文学家已经发现了789,069颗小行星，其中有21,787颗被命名。美国国家航空航天局估计小行星带中包含有110万到190万颗直径大于0.6英里（约1千米）的小行星，而无数更小的小行星正在火星与木星间1,950万英里（约3,100万千米）宽的行星带中围绕着太阳运行。

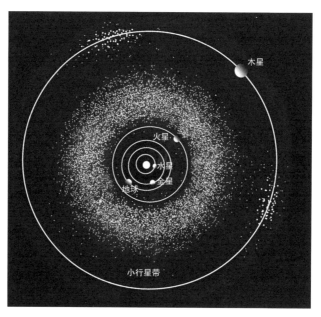

▲   大部分内太阳系中的小行星运行在火星和木星之间的小行星带中。木星引力控制着额外的两群小行星，一群在木星前，一群在之后，我们将其称为"特洛伊群"。（美国国家航空航天局）

如果我们将尺寸缩小到330英尺（约100米），小行星的数量就将会上升到大约1.5亿！其中只有一小部分的小行星运行在和地球轨道交叉的轨道上，如上一节内容所说，它们可能会对地球产生威胁。

我们也知道这些碎片并非一个破碎行星的遗骸。尽管小行星的数量如此之多,如果你能够将它们全部聚集起来,团成一个球,小行星带的总质量也只不过是月球的4%。其中谷神星的质量就占到全部小行星质量的三分之一。这样是难以铸成行星的。

但情况可能并不总是这样。

几十亿年前,木星在火星和土星之间安家之前,这颗膨胀的气体巨行星穿过了现在是小行星带的位置,那时小行星带的质量可能相当于地球,足以形成一颗行星。

▲　木星作为太阳系中的"重量级人物",很难不搅动太阳系内的秩序。(美国国家航空航天局,西南研究所[SwRI],多谱段扫描仪)

但木星的引力势能搅动了在此运转的天体,如在小孩散落一地的玩具中清开一条道路一样,木星将许多天体从太阳系弹飞,最终将小行星带演变成如今的模样。

即使小行星带变成今天的模样,它的麻烦仍远未结束。木星的引力还在搅着这一"锅"太空石块，将小行星从小行星带中移出，或使得它们与另一颗小行星碰撞，形成更小的小天体。这些碎块永不可能有机会聚集在一起形成一颗行星，哪怕是最小的也不行，因为在木星引力影响下碰撞的速率快于聚集的速率，小天体无法温和地依靠自身引力吸引碎块形成更大的天体。我们今天看到的那些小行星是自太阳系诞生以来逃脱木星干预的幸存者。

另一条关于这些大大小小的小行星带天体从未形成行星的线索来自它们各异的组成。这意味着它们的起源并不相同。一些小行星富含碳和水，另一些富含金属，而别的则是像地球和月球一样主要由硅酸盐岩石组成。

小行星带是一个充满活力的地方，那些远古的巨大太空石块仍在被流星体撞击击碎，或者被木星引力推入足以威胁地球的轨道。不像已经成形的行星，小行星还有数百万种仍处在萌芽中的可能性。

有谁不喜欢拥有预知未来的能力呢？对此，许多人尝试过。1936年《纽约时报》（*New York Times*）就曾预言火箭不可能飞出大气层。另外，尼古拉·特斯拉（Nikola Tesla）准确地预测到了手机的出现，他在1909年预言说："很快向全世界传输无线信息就能被轻易实现，每个个体都能拥有并操作自己的设备。"类似的预言总有对错，不过我估计错的更多一些。

占星术是对天体的位置，主要是恒星和行星的位置如何决定我们的性格和生活中的其他重要方面的研究。它也会做出对未来的预言。大多数人是通过日报上的星座运势版块了解占星术的，在那里我们能找到我们的"标志"——对应黄道十二星座中的一个——然后得到当日的运势预测。占星术士将此称为"太阳星座占星术"，因其基于你出生那天太阳所在的星座。人们从公元前409年开始研究星座运势，这是已知最古老的天宫图出现的时间。

占星术在不同国家有着不同的形式，没有一种通用的方法。那些真正了解的人会告诉你报纸上的星座运势都太过简单，它们没有考虑到行星及其影响。而更加完整的结果还需要严格考虑出生的具体时间和地点。

数千年前，没有人知道恒星和行星的物理本质。他们认为，行星是神明，依附在他或她自己的水晶球上，围绕着静止的地球旋转。恒星占据着最外层的范围，由以太组成——以太是继土、水、风、火之后的"第五元素"。恒星和行星被认为是永恒不变的，不像地球——一个充斥着变化的四种元素的混乱世界。也只有地球是由这四种元素组成的特殊世界。

▲   16世纪的十二黄道星座的木版画。

无论他们说的对不对，我们的祖先都是通过闪烁的星光来寻找与天空的联系的。那时还不存在光污染。没有月光干扰时，嵌满群星的夜空就是主导。

那些早期的与宇宙的联系既是通过实践产生的，又带有精神的寄托。人们利用星星来标记最适合狩猎和耕种的时间，决定重要的宗教节日的日期。大部分西方文明已经切断了这些联系，只保留了由太阳在天空中的位置决定的季节的开始，即春分、秋分、夏至、冬至的日期。

人马座"茶壶"

摩羯座

土星 木星

火星

2020年4月9日黎明面朝东南

▲ 2020年4月9日的夜空中出现的美丽的行星连线。行星的会聚是常见的现象，它们周期性地相合，虽然在视觉上连成一线，但它们与地球的实际距离各不相同。(Stellarium星空软件)

许多人依然通过仰望星空来预知季节的脚步。在9月日出前的天空中看到猎户座时，我们就知道冬天快要来了。土星每29.5年环绕太阳一圈。我第一次在宝瓶座辨认出这颗行星是在11岁的时候。当它再次回到这一点的时候，我已经结婚，育有两子，处在事业的巅峰时期。土星的运转周期已经成为我的试金石。

我们的祖先在探寻人与宇宙的心灵联系，如今我们依旧如此。占星术促成了这种联系，因为它将人们的日常生活与神界，以及恒星和行星的巨大周期连接起来。

我曾查询过我的星座运势，以知晓未来路上可能会发生的事情，也许会有块金砖等着我。直到有一天，我决定把所有星座的运势都看一遍，不只是我自己的。然后我发现其他星座的性格描述和建议也适合我，甚至比我的星座的更适合我。严格来说我是狮子座的，但似乎也可以是天蝎座、处女座、双子座等。我意识到让星座运势来调整我的生活只是美好的想象。这便是我停止留意星座运势，不再考虑占星术的开始。

我可以说，恒星和行星与你我之间没有物理联系。如我们在前面谈到彗星时所讲到的，太阳系内的天体，除了太阳和月球以外几乎都对地球和地球上的居住者没有引力作用。于恒星而言也是如此，它们离我们那么遥远，引力影响甚至更小。无论是你出生那天的行星的位置，还是它与别的行星的夹角，甚至是它"留宿"在哪个星座，都不会对你的生活产生任何可衡量的影响。无论如何它们对你都没有物理上的影响。于我而言，占星术一直是魔法，基于美好的想象和验证性偏倚，而人们倾向于记住那些显而易见的预言正确时的"命中红心"，却忘记它预言错误的时候。

预言占星术的一个独立分支是利用行星运动和太阳、月球的位置来预测未来的事件。在上帝主宰的年代，我们可能会让自己相信它们的力量能做到这一点，但在21世纪，我们知道这些天体是令人神往的真实之物，我们甚至可以飞往它们那里，幸而不知道它们影响人类事务的力量。它们真的在试图改变未来吗？它们能预测我们未来的关系吗？

听起来我对占星术持批评态度，事实确实如此。它不是基于科学的，也没有实验证据证明它的真实性。纵然土星的运行周期可能对我来说是一个重要的标志，但我不相信土星的运动能影响到我个人。

当然，我是最不愿意称我们为逻辑生物的人。我只需要看看我完美而又不完美的自我就能确定这一点。归根结底，我们想要在精神上与宇宙相连，感受作为更大事物的一小部分，无论它是上帝、自然，还是占星术背后的精神力量，或这些全部。对这种深情的渴望使我们的心灵更加敏感并变得全新，让我们成为更好的人。

我只能代表我自己说话。科学发现，人类灵魂和大自然提供给我每日服用的"维生素W"（意为"好奇心"），但如果占星术支配着你的世界，满足你对精神联系的渴求，我不会找来西班牙异端裁判所[1]。我们都只是在努力摸索自己道路的人类。

岁差

从记录上来看，你有时会听到说占星术使用的星座已经偏离了一整个星座。所有的星座都是在数千年前占星术形成时指定的。时至今日，在你的生日当天，太阳已经移动到官方"星座"西边的一个星座里。我是狮子座的——或者说曾经是。在我出生的那天，太阳在巨蟹座中闪耀，自此之后每个生日都是这样。春分点沿着黄道星座西移的缘由是地球自转轴的波动，名为"岁差"，由希腊天文学家喜帕恰斯（Hipparchus）在公元前150年发现。简言之，岁差使太阳在每个世纪沿黄道移动1.4°。经过2,000年后，太阳累计移动了28°，也就是移动了大约一个星座的距离。

占星术士承认岁差，并修正十二黄道星座为天空中12个等间距的条带，从参考点白羊座的第一点开始划分，白羊座的第一点是大约2,000年前春分点的位置。你当今的星座和很久以前规定的一样，但你出生之日的太阳的位置在当代已经西移到了旁边的一个星座里。我觉得占星术士应该考虑岁差，但是我不会因此和占星术士争辩。

---

1 15世纪设立于西班牙的罗马天主教会组织，因残酷迫害异教而知名。——译者注

这就要怪太阳的"顺手牵羊"了。它狮子大开口"吃"下了原太阳星云中的大部分物质，而留给木星和其他行星的物质太少，不足以使它们成长为太阳的伴星。不过木星还是冠有"最大的行星"之名，其质量是地球的318倍。它大到如果你像掏一个巨型南瓜一样把它的内部掏空，里面可以塞下1,300个地球。

　　尽管木星很大，但尺寸不如质量重要。即使木星的主要组成成分是氢和氦，与太阳类似，但它仍然缺少足够的质量，能使得它的核心在引力作用下凝缩加热，达到足够将氢聚合成氦所需的几千万度。这项简单的技能是一团物质成为恒星的基本要求。在真正的恒星内部，四个氢原子在核心极度高温高压的环境下最终聚合在一起形成一个氦原子，在这个过程中0.71%的原始质量转化为纯能量，同时释放出一束名为"中微子"的轻量中性粒子。

　　当谈到核聚变时，你会对物质里含有的能量感到震惊，因为从汉堡包到榛子，一切的一切只不过比超浓缩形式的能量多一点儿罢了。爱因斯坦（Einstein）用他最有名的公式"$E=mc^2$"证明了这一点。"E"代表能量，"m"指质量，"c^2"是光速的平方。想知道一小块物质里包含有多少能量，你只需要用它的质量乘以光速的平方。试一下,你会得到一个巨大无比的数字,这就是即使是一丁点儿物质——包括制造热核炸弹的那些——也包含惊人的能量的原因。

▲ 到目前为止,木星是太阳系中质量最大的行星。然而它必须比现在重80倍才能变成第二个太阳。(Lsmpascal CC BY-SA 3.0)

▲ 图片显示了木星、棕矮星、红矮星和太阳的相对大小的关系。棕矮星不是真正的恒星,但红矮星是恒星。(美国国家航空航天局/戈达德航天中心)

将1克水转化为纯能量,其大小等于20,000短吨(约18,143吨)TNT爆炸释放的能量。深入太阳的核心,温度达到$2.7×10^7$F(约$1.5×10^7$℃),压力是海平面的大气压的$3.4×10^{11}$倍。聚变产生的能量以强力的γ射线的形式释放,但在它散发到太阳表面的过程中,γ射线在浓稠的亚原子粒子环境中碰撞,能量逐渐衰减。当辐射抵达太阳表面时,已经在100万年的时间里穿越了400,000英里(约644,000千米)的距离。γ射线在碰撞中损失了大部分能量,最终以可见光、红外线(热量)、紫外线的形式离开太阳。这个过程真的需要这么长时间。晒黑你后背的每一缕阳光都比你身旁的山峰要古老。

如果你能把大约80颗木星都塞进一个球里,就可以造出属于你自己的恒星。其核心的压力和温度足以发生和支持核聚变。你可能会认为80倍质量的木星会变得巨大无比,但事实并非如此。因为随着质量增加,引力也在增大,引力会将其压缩成一个仅仅比木星稍大一些的球体。相比之下,太阳的质量大约是木星的1,000倍,而直径只有木星的10倍左右。

最小的真正的恒星是红矮星,其最小质量是太阳的7.5%,木星的78倍。足以让我们在恒星的肚子里"点起火"了。比邻星——南门二(半人马座α)是恒星系的暗淡成员,是距离我们最近的恒星,也是一颗典型的红矮星,质量是太阳的12%,直径约有125,000英里(约200,000千米),相当于木星大小的1.4倍。

恒星本质上形成于一个步骤,那就是星际气尘云的直接凝缩。新生恒星周围的剩余物质围绕着恒星旋转,形成一个扁平的盘。行星由这些剩余物质组成,过程分为两步:首先碎冰块和石块聚合,形成类似胚胎的天体,然后借助引力聚集更多的物质,最终造就一颗行星。木星的形成是沿着行星这条路线,而比邻星则是直接前往了"恒星世界"。

你可能听说过另一种名为"棕矮星"的恒星。它们是真正的"失败的恒星"。棕矮星的大小与木星相当,但质量是木星的15到75倍,它们的核心温度足够高,可以聚合成少量的锂和氘(氢的另一种形式,即同位素),但由于缺少温度和压力,棕矮星不能像真正的恒星那样维持核聚变。它们中的一些甚至足够冷,温度低到在外大气层中可以形成甲烷——这种气体在木星和其他外行星中也探测得到。

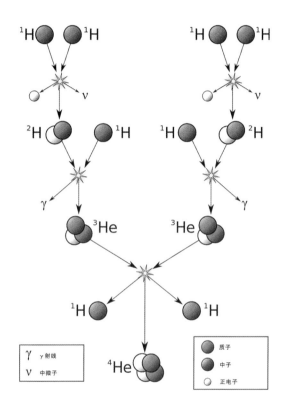

▲　当一个天体的质量大到它高温高压的核心能使氢原子聚合成氦原子,它就是一颗燃烧着的恒星。能量以γ射线的形式释放,使得它成为能够进行自发辐射的天体。

我不会称木星是失败的什么。由于它的引力和位置,它已经驯服了很多彗星,使它们的轨道屈从于它的意志,甚至能在它们过于接近太阳系的时候将其甩出太阳系。如今它仍经常把小行星推向可能在遥远的未来威胁到地球的轨道。不管是不是恒星,木星都"统治"着行星领域。

太阳没能成为双星是一个遗憾。它作为"单身"恒星是比较罕见的事。天文学家估计高达85%的恒星都有伴星。天空中有如此多的双星，你可以任意找一片拳头大小的天空，将望远镜对准那里，然后就能找到几对。其中有一些，像北十字中的辇道增七[1]就很美丽。另外一些距离很接近，你需要花上半个小时，尝试不同的放大倍率，试着将它们分开……你会爱上这个挑战的。

我们可能永远不会知道太阳有没有伴星，但一个美国和德国联合天文学家团队于2017年5月的研究预测了所有恒星可能一开始都是双星或聚星，它们之间的距离可达500倍的日地距离。其中一些逐渐向彼此靠拢，进入更接近的轨道，而另一些分离成独立的恒星。谁知道呢？可能在45亿年前，新生的太阳系中心有两个太阳在熊熊燃烧，给新生的行星投下两个影子，就像《星球大战》（*Star Wars*）中主人公在行星塔图因上看着双恒星的著名场景一样。

20世纪80年代早期，科学家发现地球每隔2,600万年就会经历一次物种大灭绝。加利福尼亚大学伯克利分校（University of California, Berkeley）

1　北十字即天鹅座，因为天鹅座的主要亮星排成一个十字形，与南十字座相对应。辇道增七是天鹅座β星，位于天鹅的头部，在牛郎星和织女星的连线附近。——译者注

的理查德·穆勒（Richard Muller）猜测，原因可能是来自奥尔特云的周期性彗星风暴，奥尔特云是环绕在太阳系边缘的彗星储藏库。为让推测能够令人信服，他提出太阳有一颗红矮星伴星，其运行在距离太阳1.5光年处的雪茄形状的轨道上。每2,600万年为一个周期，它会运行到贴近奥尔特云的位置，借由它的引力推动大群彗星飞往太阳，给内行星带来浩劫。

根据这颗红矮星的距离和类型，穆勒估计它的亮度在7到12等之间，明亮到人们用中小型的望远镜就可以看到。为了找到它，天文学家需要检查邻近太阳的每一颗红矮星，以找出一颗运行速度比更遥远的红矮星更快的红矮星。穆勒将他猜想的恒星命名为"复仇女神"，这个名字很适合作为杀手的名字。

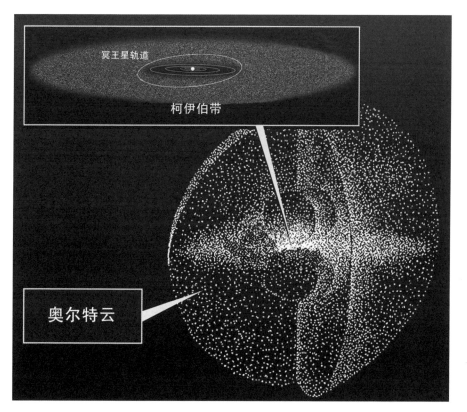

▲　太阳系的边界远超冥王星和作为冰质小行星和彗星家园的柯伊伯带，一直延展到遥远的奥尔特云——一个距离达到日地距离的2,000到100,000倍的彗星储藏库。这颗假想的恒星复仇女神被认为是周期性物种大灭绝的由来，人们认为可能是它将彗星从奥尔特云扔向了地球。（美国国家航空航天局）

这个点子值得称赞，不少科学家认为它是令人信服的，但在搜寻之后，依然没有发现复仇女神的踪迹。由加利福尼亚大学的劳希纳天文台（Leuschner Observatory）在20世纪80年代早期进行的搜寻没有找到任何候选目标。由红外天文卫星（Infrared Astronomical Satellite，20世纪80年代）、2微米全天巡视（2MASS Survey，1997至2001年）和美国国家航空航天局的广域红外巡天探测者任务（WISE mission，2009年至今）完成的巡天搜索也一无所获。

用红外波段进行的巡天是最能说明问题的，因为较冷的恒星，如红矮星，甚至是棕矮星这种伪恒星，在红外波段下也最为明亮。如果复仇女神真的像所说的那样离我们这么近，那我们应该已经找到她了。但至少现在太阳还是孤身一星。

▲　这个看似是假定的行星，或者是"第二个太阳"的白色亮斑，不过是我手机的相机内反射太阳光造成的眩光而已。（鲍勃·金）

当发掘到了新的寻找信息的方式时，科学家总会再次核验过去的分析与猜测。近期的对灭绝事件的数学分析没有显示出早前分析得到的2,600万到2,700万年的规律。事实上，主要的灭绝事件之间并没有规律性的间隔，只在每6,200万年和1.4亿年的间隔下可能存在。

尽管不再需要解释物种灭绝的事情，但关于复仇女神的假想仍未消失。直到今天它还会偶尔与行星尼比鲁或用手机拍摄的太阳照片中太阳附近的亮点扯上关系。在YouTube（或类似的社交媒体）上，你可以找到人们将手机正对太阳拍摄的真实视频，他们描述在同一视野下出现了"第二个太阳"。纵使这些亮点清晰可见，我们也大可不必借用复仇女神的概念来解释它。这些图像和视频表现的是阳光穿过相机镜头后在其内部的反射现象。我看到这些眩光——和尝试避开它们——已经有10多年的时间了。确认你得到的是镜头内的反光而不是第二个太阳的一种办法就是放下手机，用一只手挡住太阳，再看向同一个位置。如果它只在你的相机中出现了，那就不是真的。

▲　　形成于太阳两侧的幻日是阳光经过冰晶折射的结果。它们有时会像太阳一样明亮。（鲍勃·金）

有时另一种圆形的物体会出现在太阳附近，在某些情况下会变得非常明亮，其亮度甚至能与太阳本身的亮度匹敌。它们是真实的，名为"幻日"。它们通常成对出现（虽然也会只出现一个）在太阳两侧两只张开的手掌的宽度（22°）[1]的位置。它们是一种气象现象，当高云中的冰晶折射太阳光时，就会在太阳两侧形成对称的斑点。我曾见过亮到足以让我停车拍照的幻日。请放心，这些"太阳"只是暂时的，而且离我们要近得多，只在6到7英里（约10到11千米）高度的大气层中出现。

你与大自然接触得越多，在面对陌生的事物时就越不可能妄下结论。经常观测大空会为你的好奇心提供一顿饕餮盛宴。一旦见到并识别了一个现象，你就会变得"敏感"，很可能会再次看到它。当我在林间搜寻蘑菇时——这是我的另一个爱好，可能会幸运地发现一种鸡油菌——好吃的菌类之一。我会仔细检查这种蘑菇并观察它周围的环境，以锻炼我的眼力，学习应该如何寻找。这样我就更容易在附近找到其他鸡油菌。

留意周围是值得你每天都去培养的技能。

1　这里的两只张开的手掌是指手臂伸直之后手掌的宽度。——译者注

描绘行星围绕太阳运转的图通常把轨道画成圆形。但我们知道的行星中没有一颗是沿着这条完美的路径运行的。相比圆形，大自然更倾向于一种更加自在的形状，即椭圆。所有行星都以椭圆轨道绕太阳运行，所有已知的卫星——根据上一次的计数，有接近200个——也在围绕各自行星的椭圆轨道上服服帖帖地运行。彗星和小行星呢？它们的运行轨道也更多的是椭圆轨道。

椭圆的形状如同你在药箱中找到的药丸，或者说是一个被挤扁了的圆形。你可以将两颗钉子钉在纸板上，相距1英寸（约2.5厘米），然后剪一段长6英寸（约15厘米）的线，将其首尾连成一个环。将线放在钉子周围，用笔尖勾住它，围着钉子画一圈，这样你就能得到一个椭圆。

这两颗钉子被称为椭圆的"焦点"。它们越靠近，画出的椭圆越接近圆。当两个焦点重合时（或者你只用一个钉子），画出的就是圆，即椭圆的特殊形式。当你将焦点分得越开，用越长的线，你得到的椭圆越扁，越像一支雪茄的形状。

椭圆越"被挤扁",它的离心率(e)就越大。离心率的取值范围从0到无限接近于1,离心率为0.0的椭圆是一个圆,离心率为0.9的椭圆又长又扁,看起来像餐盘的侧面。地球的公转轨道近乎是圆形的,离心率为0.0167。

在行星的公转轨道中,太阳处于椭圆的一个焦点上。另一个焦点空空如也,没有作用。我们以地球为例,当行星在轨道上运行时,在椭圆的一端会靠近太阳,在另一端会远离太阳。当接近太阳时,它受到太阳的引力影响更大,运动得更快一些。当远离太阳时,运动速度就慢下来了。在一年的运行周期中,地球的速度变化超过2,000mi/h(3,200km/h),距离变化有300万英里(约480万千米)。

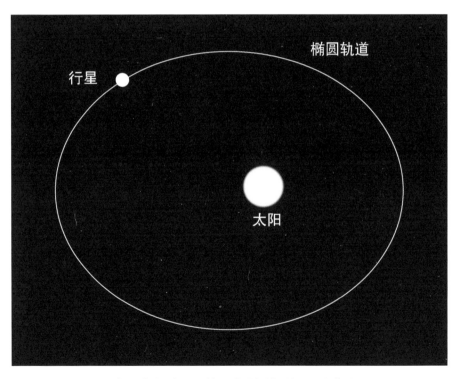

▲　行星以更"自在"的圆形轨道围绕太阳公转,这种形状叫作"椭圆"。(鲍勃·金)

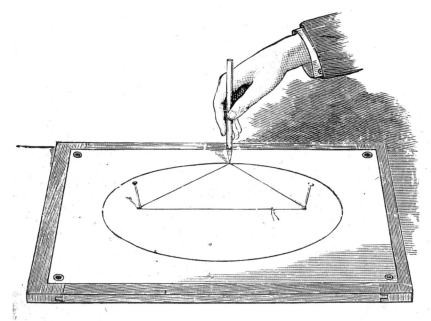

▲ 用一张纸板、一段线和一支铅笔就能很容易地画出一个椭圆。

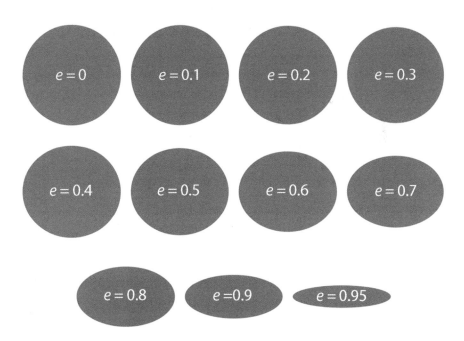

▲ 椭圆因扁率或者说离心率的不同而不同。行星的轨道离心率较小，更接近于圆，而彗星通常在离心率更大且更接近雪茄形的轨道上运行。(Amit6 CC BY-SA 3.0)

水星的轨道形状是最扁的，离心率为 0.21，它在轨道上运行时与太阳的距离变化很大，在 2,900 万到 4,300 万英里（约 4,600 万到 7,000 万千米）之间。尽管水星轨道的离心率相对较大，如果我们能从遥远的地方看水星轨道的话，它依然很接近一个圆。只有离心率达到 0.3 时你才会注意到椭圆开始"变扁"了。

圆形看似最简单，那为什么行星不是在圆形的轨道上运行呢？如其他很多东西一样，圆形轨道看似轻易得到，但实际上十分难以维持。即使你拥有超人的力量，能将一颗行星放置在完美的圆形轨道中，以恒定的速度围绕太阳运转，它也会很快演变为一个椭圆轨道。没有什么东西是完全孤立的。其他行星的引力（尤其是木星）总会以这种或那种的方式拖拽你的行星，改变它的速度，足以使曾是圆形的轨道变成椭圆形。

因为火星比地球离木星更近，所以木星的引力改变了火星轨道的离心率，并使它的公转轴倾斜。这两点都是改变火星气候的重要因素。在太阳系的早期，行星依据轨道和位置排列时，它们中的一些可能沿着离心率较大的轨道围绕太阳运转。木星与其他行星的相互作用可能会将这些"任性"的行星驱离太阳。现存的行星可能是混乱中的幸存者，因为它们很早就进入了近乎圆形的轨道，并彼此远离对方。这些行星玩得才好呢！

从古希腊人到证明了我们生活在以太阳为中心的太阳系中的波兰天文学家哥白尼（Copernicus），每个人都搞错了这些轨道。你可以归咎于他们所珍视的信仰。基于圆形和球体是完美的几何形状和模型的信念，天空总是被认为是星体在沿着圆形轨道运行的地方。尽管哥白尼搞对了其他所有东西，但他的太阳系模型也没办法准确预测行星的运动，因为他卡在圆形轨道上了。直到 17 世纪，德国天文学家约翰内斯·开普勒（Johannes Kepler）发现了行星以椭圆形轨道围绕太阳运行，行星运动才变得有迹可循。想想我们束缚于完美圆形的观念已经有几个千年了。这会让你好奇还有多少我们认为理所当然的事情并非如我们所想的那样。

太阳、恒星
与空间

"全速前进，苏鲁先生，最大曲速。"无论是营救一艘搁浅飞船的船员，还是摆脱克林贡人的飞船，《星际迷航》（*Star Trek*）系列里的船员都能够借助曲速引擎脱离困境。以光速飞行，甚至更快，是为快速逃生和及时救援量身打造的。在原初系列中曲速1对应光速，即186,000mi/s（约300,000km/s）。曲速2相当于8倍光速（2×2×2），曲速9——进取号的极限速度——是729倍光速（9×9×9）。如果人类真的能以这样的方式旅行，我一定会选择曲速飞行到猎户座大星云，而不是在1月的时候用望远镜看它，看得我的手指都要冻僵了。

　　曲速引擎的概念源自科幻书，比电视节目还早几十年。现在它们是电影、书籍和音像中的常客，每当遇到要穿越宇宙级别的距离这种令人头疼的问题时，它们就会出场。没有了这种推进情节的设备，你能想象这些故事会有多无聊吗？即使是以99.1%光速这样令人难以置信但在理论上可行的速度旅行，你也要近乎7个月才能到南门二（半人马座α），它是离太阳最近的恒星系统。唉……

　　曲速引擎的设计十分精妙，它是通过扭曲空间以缩短到达目的地的距离,而不是以超光速推进飞船本身。把空间想象成一条裤子,而你是一只蚂蚁。作为一个小不点儿,从裤腰走到裤腿口是很长的一段路。但如果你把裤子叠起来,将裤腰和裤腿叠在一起,就能大大缩短旅行的时间。折叠空间就是好啊!

▲   如果你能折叠空间,就将大幅缩短前往宇宙中遥远地区的时间。

如果你由于缺少二锂水晶而难以启动曲速引擎,那你的下一个最佳赌注是虫洞。虫洞可能存在也可能不存在,如果存在,也可能不能通航,这是大家喜欢的另一种快速前往另一个地点的方法。你进入长得像中国式指套陷阱[1]的虫洞的一端,然后从另一端跳出,希望克林贡人在匆忙中错过了这条通路。

这种东西可能存在吗?有可能。虽然实现曲速引擎还要走很长一段路,但虫洞在理论上是可能存在的,甚至是由广义相对论预言出来的。20世纪30年代,爱因斯坦和物理学家内森·罗森(Nathan Rosen)引入了"桥"的概念,或者说是时空中连接两个不同区域的近道,我们现在将其称为"爱因斯坦-罗森桥"(即虫洞)。即使一个虫洞足够大,足够稳定,可以支持安全通过(它们往往会毫无预兆地坍缩),人类可以免受我们所认为的奇异物质的

---

1   一种管状玩具,又名"手指扣",将两手各一手指伸入指套的两端,然后尝试拔出来,你会发现越拔束缚得越紧。——译者注

伤害,但我们目前仍未找到任何关于虫洞存在的证据。

相对论理论的一个核心原则是光速是任何物质的速度极限。这意味着一艘飞船或其他任何由物质构成的东西的速度都只能接近光速而永远无法达到它。空间则没有这样的限制。空间,存在于不断膨胀的宇宙中的各个星系之间,可以毫不费力地以超光速扩张。

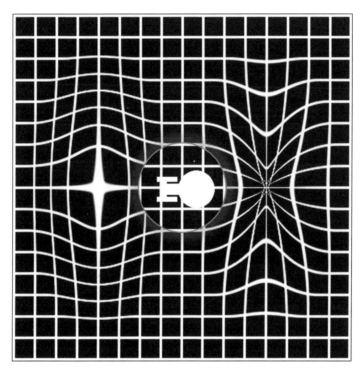

▲　在《星际迷航》电视剧和电影中,飞船通过扭曲空间,以缩短前往目的地所走的路程,并在几分钟的时间内跨越很远的距离。(维基百科)

爱因斯坦预测,从外部观察者的角度来看,物体移动得越快,它的表观质量就越大,时间流动就越慢,相关实验也已经证实了这一点。随着物体运动速度的加快,物体所需的能量也就越多。你我不会注意到"日常生活"里速度会引发这样的变化,例如汽车在高速公路上行驶,或开飞机。只有在接近光速时,这些奇异的效应才会显现。科学家进行过加速电子(围绕原子核旋转的微小粒子)的实验,证实了爱因斯坦的预言:电子移动得越快,它们就变得越重，想要提升速度所需的能量就越多。

如果你能做到让电子以光速运动哪怕1分钟，它的质量也会变得无穷大，它会携带无穷多的能量。同时，从我们的视角来看，对于那个电子来说，时间会慢到几乎停止。我们会看到它停止运动，同时塞满整个宇宙。啊！当然这是不可能的，也绝不会发生，因为——还是爱因斯坦的话——物质不能以光速运动。

▲   1971年10月，物理学家约瑟夫·C.海福乐（Joseph C. Hafele，左）和天文学家理查德·E.基廷（Richard E. Keating）正进行一场环球的时钟实验，监控着两台设置在民航客机上的原子钟。（美联社照片）

当电子加速时它会看到什么？从它的视角看，时间会正常地流逝。粒子只会注意到前往其他地点的时间大大减少了。从前它需要10纳秒才能到达容器的边缘，现在只需要5纳秒。从它的视角看，距离——或者说空间——在收缩。

如果电子回望实验者，就会看到她正以慢动作运动，而她的时钟转得更慢。这两个不同的视角——关于时间流逝——定义了相对论中相对性的本质。爱因斯坦发现空间和时间是相对的，没有绝对可言——时间和空间的流动取决于一个人的参考系。只有光速是绝对的。

时间延缓，钟表的读数随速度变化而变化，是和电子增重一样真实的事情。物理学家约瑟夫·C.海福乐和理查德·E.基廷在1971年带着4个非常准确且时间同步的原子钟乘上民航客机飞行。飞机环绕地球两圈，第一圈朝东，第二圈朝西。最终返回美国海军天文台（U.S.Naval Observatory）对比时间时，他们发现旅行过的原子钟时间更慢，而相差的时间与爱因斯坦的预测完全一致。

我们知道的唯一能以光速运动的东西是光本身。光既可以表现为波，也可以表现为粒子。光的粒子被称为"光子"。光子的质量为零，因为它们以光速运动，既不经历时间也不经历距离。如果你认为于快速运动的电子而言，距离是相对缩短，那当你以光速旅行时，距离就是真的在收缩。光子会瞬间到达目的地。同时一个在地球上看着你的时钟的实验者会说你的时钟停止转动了。因为光子能瞬时到达任何地方，在宇宙中到处存在。此时距离不复存在了！我觉得我的脑子都炸开了。

如果一切依计划进行，美国国家航空航天局的帕克太阳探测器（Parker Solar Probe）将在2024年12月成为有史以来速度最快的人造物体，当它到达最接近太阳的位置时，它的速度是430,000mi/s（约632,000km/h）。这相当于0.064%的光速。虽然这很惊人，但它还是不能追上光的脚步。现在，我们只能在影视剧中找到超光速旅行的感觉，并能在短短一个小时内穿越半个星系。

稍早些我们接触了能打破光速壁垒的方式。还有别的方式吗？简言之，没有。虽然一些现象能表现出超光速的样子，比如从超大质量黑洞喷出的发光喷流表现得像以超光速朝向我们运动，但这只是一种假象，是由物质以接近光速的速度运动引起的。喷流的末端（最靠近我们的一端）释放光线，紧随其后被释放离开这片区域的光线跟着前面的脚步，让这些释放的光线看上去像一束正以超光速离开喷流的光。

如果你还没放弃在现实世界中达到光速的想法，请记住我们居住的这颗星球正以18.5mi/s（约30km/s）的速度围绕太阳运转，而太阳正以486,000mi/h（约782,000km/h）的速度围绕银河系中心运转。无论如何，你的运动速度仍比地球上的任何一艘飞船都要快。我希望你能像我一样享受这段旅程。

在我年轻的时候，永远不会忘记我告诉人们如何用北斗七星斗口的两颗星找到北极星[1]后他们诧异的声音。"这就是它？"一些人会这么问。我的朋友和邻居都觉得它会是一个更亮的天体。"没错，就是它，"我会说，"亮度排在第46位。"

北极星的英文是Polaris，又名"勾陈一"。它并不是一颗怠惰的星星，它的星等为2.0等，与北斗七星中更亮的几颗星星遥相呼应。因而，人们在城郊也能很容易地看到它。北极星知名的原因不在于它的亮度，而在于它的位置。它是距离北天极（地球北极轴指向天空的位置）最近的亮星。它从不离开指定的位置，因而成了绝佳的方向指示器。一代又一代的人通过辨认北极星来找到北方。

如果你能在北极点度过一个晴朗的夜晚，就会看到北极星在你的头顶闪耀。然后你可以想象地球的自转轴竖直向上，穿过你的身体指向天空，指向这颗距离我们445光年的星星所在的方向。当你沿着地表从北半球往南半球旅行时，你与北极轴之间的夹角会增大，导致在你看来北极星离北方地平线越来越近。

1　北斗七星斗口的两颗星名为"天枢"和"天璇"，又名"北斗一"和"北斗二"，将它们连线，然后沿着天璇—天枢的方向延长5倍，就能找到北极星。——译者注

纬度低一些的地方——如马尼托巴省的温尼伯，在北纬50°——北极星此时在北方天空中50°（五个拳头）的高度。继续往南到北纬21°的火奴鲁鲁，北极星会在棕榈树间闪烁，高度只有21°（两个拳头）。在赤道，北极星位于北方地平线上。在赤道以南，它就会落到北方地平线以下，从我们的视野里消失。北极星的高度等于观测者所在地区的纬度。

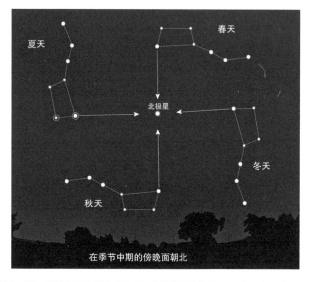

▲　无论在什么季节，只要你能找到北斗七星，就能找到北极星。只要用斗口的两颗"指针星"即可。
（Stellarium星空软件）

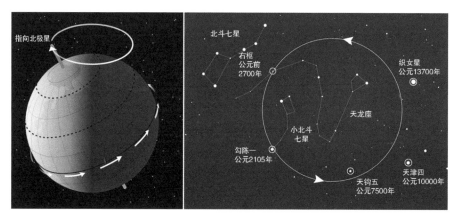

▲　地球的自转轴缓慢地摇摆，或者说进动，每隔25,800年在天空中画一个完整的圆。在圆上或者圆附近的恒星就成了极星。小北斗中的勾陈一是现在的极星，但在大约11,000年之后织女星会担任这个职务。（美国国家航空航天局［左］；Stellarium星空软件［右］）

在公元前2600年的埃及吉萨向北方看

▲　当吉萨大金字塔建成时,天龙座的右枢在极点的位置。(Stellarium星空软件)

在你的这趟旅程中有一件事情是不会改变的。北极星永远能在天空中北极的方向被找到。它对夜晚指示方向的作用毋庸置疑。如果你面对北极星,就是面对北方。抬起你的双臂,你的右臂指向东方,左臂指向西方,背部朝南。

好吧,我撒了点儿小谎。北极星会移动,但我们的寿命太短,因而不会注意到。地球的自转导致赤道向外隆起26.5英里(约43千米),如同中年男人的"啤酒肚"。太阳和月球继续拖拽向外隆起的部分,使得行星围绕着它的自转轴旋转,这就是岁差。就像一个旋转的失去平衡的陀螺,地球的自转轴在天空中画出一个圆,但仍保持23.5°的倾斜角。既然自转轴的指向决定了哪颗恒星会担任极星的工作,便只能说明一件事:勾陈一不会永远是北极星。

事实上,大约在1000年,勾陈一距离极点7°。如果在那时追踪勾陈一的位置,你会注意到它围绕着北天极画了一个小圆,这个圆比你的拳头稍大一些。尽管没有现在这么接近,当时的勾陈一仍是距离北天极最近的亮星,适合作为方向指示器。我们回溯得再久一些，到公元前1年，那时勾陈一距离极点12°，比小北斗中第二亮的北极二（或帝星）距离北天极要远一些。人们大致用勾陈一和北极二之间的中点来找到北方。

公元前2560年，当胡夫法老开始寻找建设他未来的陵墓吉萨大金字塔的地点时，天龙座尾巴上的恒星右枢占据着天空中最北端的点，距离北天极仅有1°。

一个完整的岁差周期大约需要26,000年。勾陈一将会在26,000年后再回到相同的位置，时间大概是在28000年。在这期间，我们的后辈将会看到北十字中天津四、北极二和明亮的织女星交替成为北极星。织女星将在11,000年后升至北极星的宝座。

在我们的时代，勾陈一是一颗合格的极星，现在距离极点仅有0.6°，这个距离只比满月的视直径大一点儿。它仍在接近极点。到2105年它会最接近北天极，它们之间只有0.5°的距离。在接下来的几个世纪里它将缓缓远离极点，在3,500年之内都不会被另一颗肉眼可见的恒星所替代，直到三等星仙王座γ（少卫增八）接任它的工作。

享受现在极点的守卫者吧。下一个晴夜，好好看看，并尝试欣赏这颗比太阳亮2,000倍、体型比太阳大45倍的星星。如果你将这颗星摘下，放在太阳系的中心，从地球上看它将会有22°的大小，其足以遮住整个猎户座。不管亮不亮，它都是个大家伙。

当然不要！谢天谢地，我们不必担心这件事会不会发生。未来的太阳可能会给地球带来灾祸，但至少不会爆炸。我们围绕着太阳这颗黄矮星旋转，它的核心可靠地将氢聚合成氦，产生的能量使地球成为宇宙中最宜居的地方——至少据我们目前所知是这样的。太阳里的氢就像后院的小屋里堆放的木头，能支持很长时间的氢核聚变。

　　太阳诞生于46亿年前的一团坍缩的气尘云，在进入中年早期时，人类开始理解了它的本质。我们所知的是，它还能稳定40亿年，然后它的核心会改变，生命走向尽头。不过我要说得超前一些了。

　　新星（nova）一词在拉丁语中意为"新的"（new）。在天文学中，它指的是白矮星表面的爆炸，白矮星是一种大小与地球相当，但异常致密的星体，一茶匙白矮星的重量约15短吨（约13.6吨）。新星发生在近距离的双星系统中，其中一颗是白矮星。白矮星从它的伴星那里吸取氢气，氢气形成一股气流，盘旋落向白矮星的表面然后堆积起来。氢气流被白矮星极强的引力压缩后，达到临界温度和密度，引发一场巨大而明亮的热核爆炸。

在几个小时内，白矮星的亮度达到太阳亮度的50,000到100,000倍。巡天搜索新星的业余观测者通常第一个记录下这些"新的"恒星。当然，它们不是真的新的恒星。它们一直都在那儿，只是之前因为太过暗淡没有引起他们的注意。

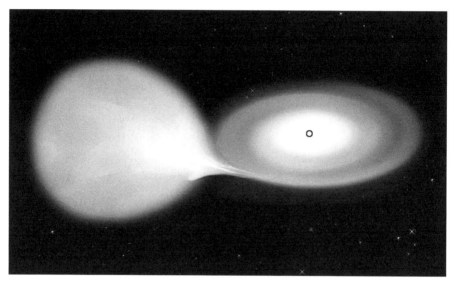

▲   新星只在密近双星的系统中发生，白矮星从它的伴星那里吸取物质。物质盘旋落向白矮星的表面，积累到一定程度后点燃热核爆炸。（美国国家航空航天局/钱德拉X射线中心/M.魏斯［M.Weiss］）

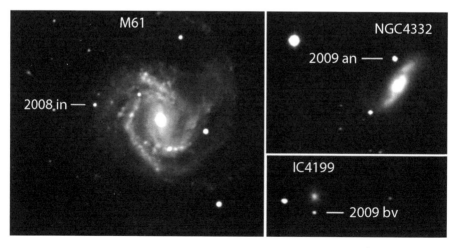

▲   我们早该在银河系中发现超新星了，不过我们每年都在其他的星系中发现数百颗。它们通常在几个月内肉眼可见，看起来像暗淡的恒星。这些是2008到2009年的几个例子。（威廉·维特霍夫）

令人惊讶的是，两颗星都会在爆炸中幸存，白矮星继续窃取气体，为几千年后的下一次爆炸重新定时。所有的新星都涉及两颗星，一颗提供燃料，另一颗是白矮星，窃取燃料。因为太阳是单星，我们可以排除它"变成新星"的可能性。

那超新星呢？专业巡天和业余天文爱好者每年都会发现数百颗超新星，它们几乎全都在遥远的星系里。当一颗白矮星燃烧和爆炸，或一颗超巨星（如猎户座的参宿四）耗尽燃料而内爆时，都会产生超新星。我们来详细说明这两种。

在前者中，我们回到白矮星及其伴星的情境中，但这次白矮星从伴星那里吸取积累了过多的质量。当它表面积累的质量超过1.4倍太阳质量[1]时，白矮星将无力支撑它的重量。随之而来的是一场灾难性的坍缩，将整颗恒星转变为一颗硕大的热核炸弹。嘣！

爆炸非常猛烈，即使是小型望远镜（直径为6英寸［约15厘米］及以上）也能看到数千万光年外的星系中最为明亮的超新星。与其他恒星的并合也能导致白矮星的质量超过1.4倍太阳质量的极限，引发超新星爆发。这个转折点又称"钱德拉塞卡极限"，因为它是被睿智的印度天体物理学家苏布拉马尼扬·钱德拉塞卡（Subrahmanyan Chandrasekhar）在20世纪早期发现的。

超过8倍太阳质量的超巨星也会变成超新星。最小的和最大的恒星最后都有同样的暴力归宿。这难道不是很有趣吗？巨星是它们的核心能产生更复杂元素的牺牲者。氢燃烧聚变成氦，随后氦聚变生成碳和氧。碳和氧聚变成氖，随后氖与其他元素聚变成镁。氧燃烧形成硅，硅聚变成硫、钙、镍，最终是铁。

大质量恒星的初期与太阳类似，将最简单的元素氢聚变成氦，然后将氦聚变成更复杂的元素。当超巨星燃尽它的燃料时，它的核心如同一颗洋葱

1　准确来说是白矮星的总质量达到1.44倍太阳质量。——译者注

的内部：氢在最外层燃烧，氦在里面一层，再往里是碳，然后一层一层向内燃烧，最终是铁质的核心。

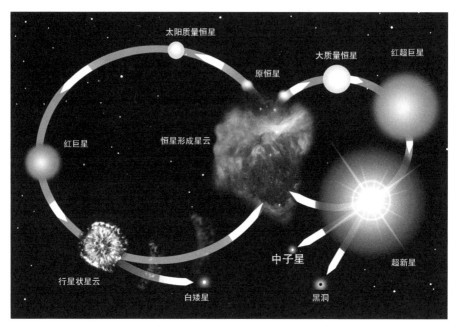

▲　恒星形成时，一切从一团名为"星云"的气体尘埃云（中间）开始。依据星云的质量，它会坍缩成类太阳恒星（左侧的循环），或大质量的超巨星。小质量恒星演化为白矮星，大质量的以超新星爆发的形式告别演化，坍缩成中子星或黑洞。（美国国家航空航天局和夜空网络［Night Sky Network］）

　　巨型恒星能制造更复杂的元素，因为有足够的质量来提供所需的压力和热量。但整个过程只是在一定程度上。一旦开始出现铁，游戏就结束了。铁是稳定的，不会像其他元素一样"燃烧"，因而核心的聚变到此为止。

　　到目前为止，恒星在引力的支持下幸存下来。引力想要将恒星聚拢起来，挤压它。聚变产生的能量又将其沿反方向推开。当能源耗尽、没有推力时，引力最终占据上风。恒星开始内爆，坍缩下去。当物质到达核心时，被铁质核心的表面以近乎光速的速度"反弹"，在超新星爆发中制造出将恒星瓦解的反弹冲击波。

　　好消息！我们的太阳不会发生这些。虽然在我们看来，太阳已经够重了，但对于超巨星而言，它还是太小。太阳现在正在燃烧氢生成氦，将其缓慢地积聚在核心中。引力将继续挤压核心，直到温度达到 $10^8\,^\circ\mathrm{F}$（约 $5.56\times10^7\,^\circ\mathrm{C}$），氦将聚变成碳和氧。根据推算，50 亿年后才会发生这件事。如果我们能穿越到遥远的未来，并窥探一眼太阳的内部，就将会看到一个碳 - 氧核心，其被一层燃烧着的氦包围，再往外是一层燃烧着的氢——如同恒星级别的俄罗斯套娃。

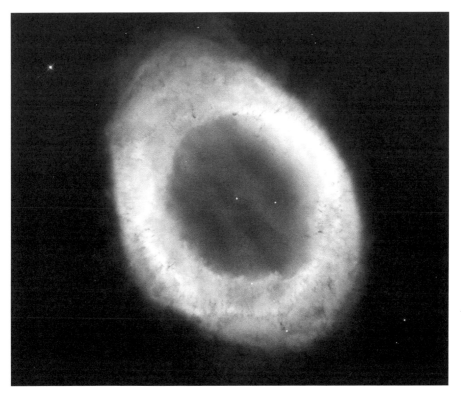

▲ 　在 50 亿年后成为白矮星的道路上，太阳将会抛出它的外壳，成为一团发光的球形气体云，我们将其称为 "行星状星云"，它看起来像图中的环状星云。（哈勃遗产团队 [大学天文研究联合组织 / 太空望远镜研究所]，美国国家航空航天局）

氦燃烧产生的额外热量会导致太阳的外层向外膨胀、冷却并变红，使得我们的黄色恒星变成一颗红巨星。它会变得有多大还是个问题，但在它达到最大尺寸之前很久，它外层辐射的热量就会炙烤地球，将地球变为酷热的沙漠。随着进一步膨胀，太阳有可能会吞噬掉我们的星球。

未来可能就是这样，也有可能不是。我的猜想是无论我们这个物种变成什么样，假设我们充满智慧，又足够幸运，能存活那么久，应该很早就逃离这个预料中的灾难了。既然是天命，我们的后代应该会搜集地球上的生命，前往更适宜居住的世界。这个地方甚至可能是火星。

当我们离开我们命中注定的星球之后，太阳将会从红巨星转变成白矮星。如同生物蜕变，它会抛去外壳，形成一个发光的气体圆环或螺环，这就是"行星状星云"，同时暴露出它的核心，此时此刻它已经转变为超热、超密的白矮星。行星状星云是夜空中很好看的景观之一。当我用望远镜看它们时，我会想到那些已经或将要付出终极代价的星球和上面的生命。

除了日全食食甚期几分钟的宝贵时间之外,直视太阳都是危险的——包括在日食中或日食前后。我们有时会忘记,天空中那个巨大的闪亮的球是一个直径为864,000英里(约140万千米)的巨型核聚变反应堆。如果不是在距离它9,300万英里(约1.5亿千米)的位置的话,我们都会被它的"怒火"烤熟。

　　不过在我们不注意时,阳光还是会伤到我们。太阳辐射的能量横跨整个电磁波谱,从无线电波到高能X射线。我们的大气层可以透过全部的可见光、大部分频段的无线电波,以及少量频段的红外线(IR)和紫外线(UV),紫外线是能让黑光海报发光的光线。

　　太阳发出的紫外线是导致我们的皮肤老化和造成令人疼痛的晒伤的罪魁祸首。阳光强烈时,人如果在户外待太长时间,就会导致光性角膜炎——一种角膜(眼睛透明的外层)和眼睑膜的晒伤。持续数年的太阳光照会增加患白内障和其他眼部疾病的风险。一些简单的防护措施,如戴墨镜和帽子能帮助你预防这些麻烦。

当你的脸感受到太阳的热量时,其实你是在感受红外线。如同紫外线,红外线也是不可见的。它就在彩虹光谱的红端的外侧,而紫外线也是在紫端的外侧。红外线发现于1800年,英国天文学家威廉·赫歇尔用三棱镜将一束阳光分解成光谱,然后在每种颜色下各放了一个温度计来测量温度。他注意到从蓝色到红色温度逐渐升高,而最高的温度出现在红色以外的地方,那里看不到光线。

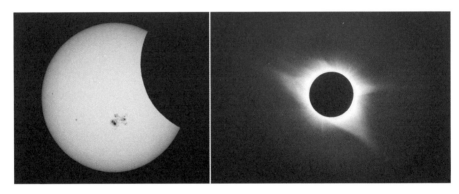

▲　左图:2014年10月23日的日偏食,同时还能看到一大片黑子群的景观。右图:在2017年8月的日全食中,当月亮完全遮住太阳时,你可以不用戴日食眼镜安全地观赏太阳的日冕。(鲍勃·金 [左],理查德·克拉维特 [Richard Klawitter],右)

可见光、紫外线和红外线占据了到达地球表面的光线的99%。在能量方面,可见光贡献了42%至43%,红外线占52%至55%,而紫外线占3%至5%。

好消息是,日食期间的太阳光与日食前后的光线毫无差别。没有任何特殊的光线产生,只有普通的可见光、红外线和紫外线。不同的是我们在日食时对太阳的迷恋和不对眼睛加以保护地窥视太阳的欲望。在其他时候,没有人会刻意盯着太阳看,但在日食期间,总有些人会忽视这种自然的约束,无论如何都要看一眼。瞬间的一瞥不会置你于死地,但如果你直视太阳哪怕几秒钟,你的视网膜都会受到主要来自红外线的永久性损害。

这就是斯塔滕岛的26岁的妮娅·佩恩(Nia Payne)在2017年8月21日观察日全食时的遭遇。当月亮遮住大约70%的太阳表面时,她盯着弯月形的太阳看了大约6秒，然后才决定遮住眼睛。她仍想继续看日食，就从旁边的人那里借来一副自认为安全的日食眼镜，然后戴着又看了15到20秒。不幸的是，这副眼镜并不是那种适合观看日食的眼镜。当时她什么都没有感觉到，因为视网膜上没有痛觉感受器。

▲ 一位拱门国家公园的公园管理人员戴着一副可以用来观看日食的眼镜，安全地观看2012年5月的日食。（尼尔·赫伯特）

但在接下来的两天里，她无法摆脱视野中心悬浮的"弯月形"的暗斑。当医生对她的视网膜进行详细的扫描时，发现弯月形暗斑是她在日食中看到的太阳的镜像，其由红外线直接印在她的视网膜上。发生日食6个月后，她的视力受损，在阅读和看电视时异常艰难。

除了日全食——你唯一能安全地直视太阳的时间，其他时间请保护好你的眼睛。

尽管墨镜和紫外线涂层能减少眼睛的日常磨损，但它们对于直视太阳是没有用的。

　　记得务必使用镀铝塑料聚酯薄膜或专门为观察太阳而制造的滤光镜或14号焊工玻璃。这些材料仅会透过0.0003%的太阳光，能提供安全舒适的观测条件。你也可以用自制的针孔投影仪把太阳的图像投射到人行道上、一张白纸上或一个白色枕套上。在一张硬纸板或者纸盘上钻一个极小的、整齐的洞，把它放在距离地面十几厘米的高度上，然后向下看，你可以看到投下的太阳的小小图像。或者你可以用厨房里的滤网，它拥有几百个完美的洞——这是你周围观测日食的好工具之一。

我们总是会担心一些事情发生。如果人类一开始就自命不凡的话，我们在很久以前就被狮子吃掉了，或者葬身于自然界的各种灾难之中。我想，了解宇宙知识的坏处恐怕是我们了解得越多，我们就越是担心某些现象会发生。

以超新星为例，如果一颗超新星在太阳附近爆炸，强大的γ射线会灼烧我们所在的这个毫无防御力的行星，这样的可能性会让你夜不能寐。不过我们也不必过于担心，这种灾难发生的前提是，在太阳周围50到100光年的范围内必须有一颗大质量巨星或超巨星，但实际上并没有。

参宿四经常被认为在不久的将来可能会爆发成为超新星，当它爆发时，会是怎样一番壮美的景象！据科学家估计，参宿四爆发时的亮度与满月的亮度相当，但和满月不同的是，它会是一个点状、密集型的光源。处于超新星爆发时的参宿四，会在地面上形成尖尖的影子，在白天能与太阳争辉。希望你我都能见到这一刻吧！

参宿四距离地球约642光年，因而我们不会受到它未来"狂怒"的影响，但有更接近地球的超新星候选者。天蝎座蝎尾上的α星心宿二是距离我们

550光年的另一颗红超巨星。心宿二和参宿四的体积都是太阳的700倍左右，它们即将耗尽它们的燃料，在未来100万年内将演化为超新星。未来100万年内指的可能是明晚，也可能是100万年后，差不多在10002020年，允许有小误差。

其他候选者包括室女座最亮星角宿一和飞马座中的变星飞马座IK。角宿一实际上是一对轨道很接近的双星。两颗星都炽热而巨大，其中明亮的那颗即将走到生命的尽头。角宿一的质量超过太阳的10倍，能够聚变合成更重的元素，直到合成铁，然后内爆形成超新星。尽管角宿一距离地球250光年，比上述的两颗红超巨星候选者更靠近地球，但还远远在能够威胁到地球的范围之外。我们还不用急着去找锡箔纸帽子戴上。

▲　　参宿四是猎户座中的一颗亮超巨星，在众所周知的"猎户腰带"三星的左上方。(鲍勃·金)

回忆一下之前章节对于超新星的解释，超新星有两种不同的类型：大质量恒星的爆发和白矮星吸收伴星导致质量超过临界值。飞马座IK天体系统距离地球仅150光年，就是后一种类型的代表，也是最近的可能爆发为超新星的恒星。当然你还是不用提着一口气，这颗星的演化历程还很长，到那时结局会很惊人，但也是安全的。

和角宿一一样，飞马座IK也是双星，两颗恒星紧密地相互绕转：飞马座IK A，一颗像太阳一样燃烧氢的白色恒星；飞马座IK B，一颗大质量的白矮星。现在两颗星相互分离，仅仅依靠相互的引力联系在一起。但当A星演化为红巨星，它的外壳将膨胀，靠近白矮星，后者将开始吸收前者的氢气和氦气。当白矮星表面积聚了足够的气体，就可能产生新星。而当它吸聚了过量的气体，质量超过钱德拉塞卡极限，就会爆发为超新星。

▲　γ射线暴源（GRB）是在从不到1秒钟到数分钟之内的高能γ射线爆发现象，是宇宙中强烈的能量释放事件之一。如果一束γ喷流指向地球，我们就会看到短暂但强烈的γ射线闪烁。（欧洲南天天文台/A.罗凯特［A.Roquette］,CC BY-SA）

由于A星演化成红巨星需要数百万年的时间，那时飞马座IK很有可能运动到了距离太阳系几百光年以外的地方，对地球的影响微乎其微。

我们似乎可以免受普通超新星的威胁，但γ射线暴源可能就不尽然了。γ射线暴源产生于不寻常的大质量恒星所演化的超新星爆发，但与恒星演化灾变中的坍缩和反弹不同的是，大质量恒星外层爆发后，中心会形成一个黑洞。爆炸释放的能量以一对γ射线束的形式释放，γ射线是已知最致命的辐射，能够穿透其传播路径上倒霉的行星们。

WR 104，是距离地球约 8,000 光年的一对大质量双星，是产生γ射线暴源的潜在对象。当其中较亮的那颗恒星爆发为超新星，它释放的γ射线有较小的可能性会正对地球，摧毁约 30% 的臭氧层，并对大气层造成严重的损害。虽然这不会是世界的终结，但也好不到哪儿去。

γ射线束也可能会掠过地球，而不是直接命中。坦率地说，谁知道呢？这不值得担心，还是好好睡一觉吧！

外层空间没有空气，因此没有声音。声音从源头传到你的耳朵中需要介质，如空气。当你拍手时，这个动作致使空气振动。空气会将这些振动传入耳内，引起鼓膜振动，然后传递到内耳，大脑将此解读为你听到了声音。但是太空几乎是完全真空的，无法传播声音。

这与光，以及它的诸多其他形式，如无线电波、X 射线和紫外线大不相同。光波是电磁波——不是声音这种压强波——不需要介质来传播。科学家用无线电波与太阳系外轨道的航天器保持联系，高灵敏度相机可捕捉到数十亿光年外星系的辉光。

在科幻电影和电视剧中，太空飞船总是会爆炸。这些场景的冲击多半是视觉上的，但声音也起着关键作用。想象一下，一艘飞船在外层空间完全无声地爆炸——那还有什么乐趣呢？这就是制片人在战争和行星毁灭的场景中加入传统音效的原因。真正发生在太空中的爆炸是完全无声的，也没有熊熊的火焰。太空飞船密封舱中的氧气被点燃时会产生极其短暂的闪光，但氧气消耗殆尽之后，我们只会看到大大小小的金属和玻璃碎片随着一场安静的爆炸四散纷飞。

如果我们在临近的太空飞船上，可能会听到爆炸射出的碎片撞上太空飞船外壳的声音，因为金属和其他固体材料能传声。幼年时，我曾将一只耳朵贴在一条铁轨上，听远处火车的隆隆声。随后我会把硬币放在轨道上，然后躲起来，直到火车通过。如果运气好，硬币会被火车压扁。

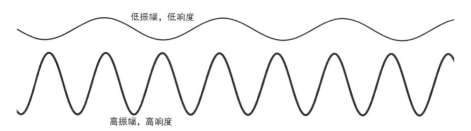

低振幅，低响度

高振幅，高响度

▲　声波是一种需要介质才能被听到的振动，无论这种介质是空气、水还是固体金属。宽间隔的声波（上）是低音。窄间隔的声波是高音。（普鲁克/CC 0）

▲　一幅太空飞船在外层空间爆炸的想象图，爆炸不会发出任何声音，而产生的所有火光都因为缺乏氧气而变得很小并迅速消失。（加里·米德）

甚至连超新星的爆发都相当寂静，如果你远离超新星到足够安全的距离欣赏这场星际烟火，只看一眼就会本能地后退，但即使爆发过程中会有大量气体喷出，它也会在真空中迅速变得稀薄，难以制造出能够被人耳听到的爆裂声。人耳要接收到声音需要足够致密的介质。仅仅几个原子是做不到这一点的。

液体和固体同样能振动并传播声音，只要你把头埋进水里就能知道这点。当我浮潜时，很享受海水筛过沙子的声音和上浮的气泡的声音。声速与传播的介质有关。声音在空气中传播得最慢，声速为767mi/h（约1,234km/h）；声速在水中更快，为3,320mi/h（约5,343km/h）；声速在固体中最快，当声音在铁中传播时能达到11,450mi/h（约18,427km/h），是空气中声速的15倍。这听起来有点儿奇怪，不过如果你知道固体中的原子和分子比空气中的堆积得更紧密就能理解了。振动直接穿过它们。气体中分子之间的距离要远得多，因而振动从一个地方传递到另一个地方需要的时间更多。

据说，在太空中没人能听见你的尖叫。尽管确实如此，明智的航天员还是会选择先穿上太空服，用无线电交流（或惊叫，在有必要的情况下）。在太空服的微环境里，你可以听见自己的动作声、呼吸声和冷却系统与氧气供给产生的机械噪声。你也能听到航天员同伴敲你的头盔的声音，因为振动可以通过面罩和头盔里的空气传播，传到你的耳中。

星云由气体构成。如果你摘下你的头盔凑近听，就能在星云中听到声音吗？我们来确认一下。每立方厘米星际空间大约包含一个原子。那是一个边长为0.4英寸（约1厘米）的立方体，相当于一个小的游戏骰子大小的空间里只藏有一个原子。我们在地球上能创造出的最好的真空大约每立方厘米有100个粒子。这已经很不错了，但还是比外层空间拥挤100倍。气体云，如礁湖星云（M8）和船底座η星云中，典型密度大约是每立方厘米100到10,000个粒子。地球海平面大气层的密度是每立方厘米$2.7×10^{19}$个分子，比星云密度大了15个数量级。

很少有人做过有关人耳能感知到声音的最小分子数密度的研究，但声音可以在星云中传播是毋庸置疑的。唯一的困难是声波会非常微弱，人耳没有灵敏到能够探测到它们。可能在星云中最致密的区域里放置一台重低音喇叭播放皇后乐队的《又干掉一个》(*Another One Bites the Dust*) 的低音部，我们才能用一台超敏感的记录设备探测到这种震动。低频(低音)声音相比铃铛的声音波长更长，能够跨越低浓度原子间的鸿沟。

给你一条合理的建议，下次观看太空战场面时，你可以关掉声音以获得更加真实的体验。

　　普通物质，比如组成汽车和沙发的那些物质，只占宇宙中所有物质的5%。这是一件足够糟糕的事情。因为剩下的都是束缚星系和星系团的暗物质，我们尚不清楚它的本质。但即使是在那5%中，也有99.999%的物质不是我们日常生活中常见的东西。

　　小时候我们在科学课上学到，物质有三种状态——固态、液态和气态。固体中的原子或分子紧靠在一起，位置固定，如脚手架上的木板。在液体中，它们可以自由滑动，由容纳它们的容器固定形状。气体是松散的，分子既不靠在一起，也不固定。气体在容纳它们的密闭容器中扩散，直到全部充满。

　　你可以通过增加或减少热量的方法将物质从一种状态转化成另一种状态。水就是一个很好的例子。如果你冷冻液态水到冰点，水分子会结合在一起形成微小的六边形，相互连接形成六方晶格。这就是雪花有六边或六个点的根本原因。如果你煮沸液态水来泡茶，也会产生蒸气，这是水的气体形态。

　　尽管已经通晓这些，但当我们整体看宇宙时，固体、液体和气体并不能包罗万象。如果你想看到物质最常见的形态，就在晴夜仰望天空吧！所有恒星和一些星云都是由物质的第四种形态组成的,其被称为"等离子体"。在家里你也能看到荧光灯泡中等离子体闪烁着赤色光芒,还有极光和焊接电弧也都是等离子体。据估计,宇宙中两万亿个星系,其中每个都有几十万到上万亿颗恒星在闪烁,到目前为止,等离子体占了宇宙中可见物质的大部分。

▲ 固态水的最常见形式是冰块,但是它也能形成雪花这种晶体细丝。(鲍勃·金)

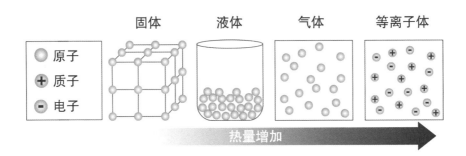

▲ 在地球上,我们熟悉的是固态、液态和气态形式的物质;而宇宙中最常见的实际上是第四种形态——等离子体,它是霓虹灯和恒星的组成部分。(加里·米德)

等离子体类似于气体,没有形状,能扩散填满可用的空间,但也与气体不同,因为等离子体中的原子带电。在原子层面,我们熟悉的物质是电中性的——每个原子和分子里的电子都受到原子核的束缚。等离子体在气体被加热到极高的温度下产生，此时电子离开原子，能够自由运动。没有了电子的负电荷的外包装，原子就裸露出来，只有带正电的原子核，被称为"离子"，在自由电子的海洋里畅游，如同一碗热气腾腾的上好肉丸汤，肉丸（离子）浮动在热液体（电子）里。

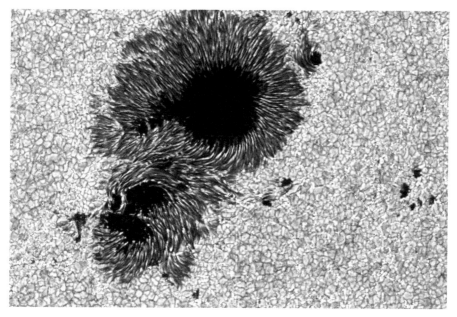

▲　太阳黑子和细胞状的太阳表面由炽热的电离气体——等离子体构成。（美国国家航空航天局，日本宇宙航空研究开发机构）

使得等离子体与众不同的是，带电粒子会导电，可产生电场和磁场。当来自太阳的等离子体——以带正电的质子（氢原子的原子核）和电子的形式——吹过地球时，会被地球的磁场抓住，被引导到高层大气中。这对于普通的中性气体而言是不可能发生的。当来自太阳的离子撞上氧原子和氮原子时，后面二者会失去电子，暂时形成等离子体。当电子重新回归它们的母原子时，能量便以粉色或绿色的光的形式释放。这就是极光。

太阳的等离子体主要是由氢离子（一个原子去除一个电子后的别称）、

氢离子与自由电子组成。热等离子体被自己的磁场包裹着，从太阳深处涌上表面。当太阳围绕它的轴旋转时，这些磁场会更加紧密，直到它们集中到能够产生太阳黑子，以及与此相关的磁暴，被称为"耀斑"。耀斑和其他的太阳大爆发将等离子体云送入太空，在地球大气层中点亮上文提到的北极光和南极光。

等离子体和电似乎有点儿像，但两者是不同的。电是从一个原子流向另一个原子的负电电子流，如同人们（原子）按照排成一队的传统方式传递水桶（电子）。等离子体由近乎等量的带负电荷的电子和带正电荷的离子来回流动组成，因而它总体是电中性的，但还是能导电。

高电压也能产生等离子体。这是霓虹灯的工作原理。电流击穿气体，将电子与原子分离开，当它们再次结合时，就会释放出紫外光。光线照射到一种名为"荧光粉"的、涂在灯管内表面的发光化学物质。根据使用的荧光粉的种类，人们可以制造出各色灯光。在等离子体电视中，电流会穿过数百万个充满氙或氖的微小单元，并且每个单元都被涂上了能够发出红色、蓝色或绿色光的荧光粉。当电流激发氙气，气体变成导电的等离子体，然后释放出紫外光，刺激荧光粉发光，产生图像。

实际上还有很多种物质的形态，它们都是奇异的或是假想中的。例如玻色-爱因斯坦凝聚（一团冷却到接近绝对零度的亚原子粒子气体）、中子简并物质（中子星中的由中子组成的超致密气体）和夸克胶子等离子体（在大爆炸后的一瞬间的极高温中产生）。

如果等离子体让你晕头转向，那就在附近的酒吧驻足，拉一把椅子坐在挂在窗户上的霓虹灯下，你会看见等离子体的光芒。

日复一日，年复一年，我们指望星座能保持它们的形状，并保持固定不动。而行星，则在黄道带上奔走，如同赛道上的赛跑者。某年，木星在宝瓶座闪耀。4年之后，它已经跨越了3个星座，来到了金牛座。行星之所以运动，是因为它们围绕太阳旋转，而且离地球很近。恒星也在运动，但它们与地球距离遥远，以至于几乎不会偏离指定的位置。如果你把太阳缩小成篮球的大小，那么地球会是一颗距离篮球31英尺（约9.5米）远的BB弹。同比例下，距离我们第二近的恒星南门二，会是距离太阳4,300英里（约6,920千米）远的一对篮球（它是密近双星）！

仙后座在未来几百年里仍然会在天空中画出W形。我们的后辈仍然会惊叹于猎户腰带三星的简单对称。星座图案似乎是永恒固定的，但真的是这样吗？

大角——牧夫座最亮的星，在6月入夜后闪耀在南方高空。地球的自转"驱使"恒星自东向西跨越天空。当然，我们知道大角本身没有动——是地球在动。但是像每颗恒星一样，大角有它固有的运动方式，或者说自行。它以76mi/s（约122km/s）的速度围绕银河系中心旋转，每年向西南方向挪动2.3角秒，这大概是满月视直径的八百分之一。这可以说是在缓慢爬行了。即使你能活到100岁，也不能用肉眼发现其位置的变化。

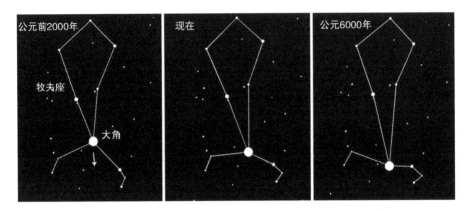

▲ 大角是自古希腊和古罗马以来能被观测到的有明显运动的亮星之一。随着继续向西南行进，它会逐渐改变牧夫座原本的形状。（鲍勃·金）

这些角秒会逐渐累加。如果你在20岁时做了精确的星座图绘，或者拍了星星的照片，40年后再画一次它的位置，就会发现它已经移动了92弧秒，大约是满月视直径的二十分之一，这是一个在望远镜的低倍率放大下就能明显看出的距离。

如果你跳进时间机器穿越回古罗马，会注意到大角的移动吗？当然！假设你认得清星座的形状，会清楚地发现它相比今日，朝东北方向移动了整整1°（等于两个紧靠在一起的满月的视直径）。天狼也会稍微偏离当今的位置，大约朝东北方向移动了一个满月的距离。否则，过去和现在的天空会完全相同，至少相对于不经意的观测者而言。

埃德蒙·哈雷（Edmund Halley）——哈雷彗星的冠名人，在注意到古希腊星表上天狼和大角的位置与他当时观测到的位置不同之后发现了自行。这两颗星离地球相对较近——分别是8.6光年和37光年——因此它们短时间内在天空中的视运动要比绝大多数恒星明显许多。大角还被发现是以几乎垂直于太阳的方向在运动，因而相比于与太阳并行的恒星，它在短时间内的运动轨迹更加明显。自哈雷之日起，天文学家发现了数十颗高速运动的恒星,但它们只在望远镜里可见。有些星星运动得足够快以至于一年之内我们就能发现它们的位置变化。

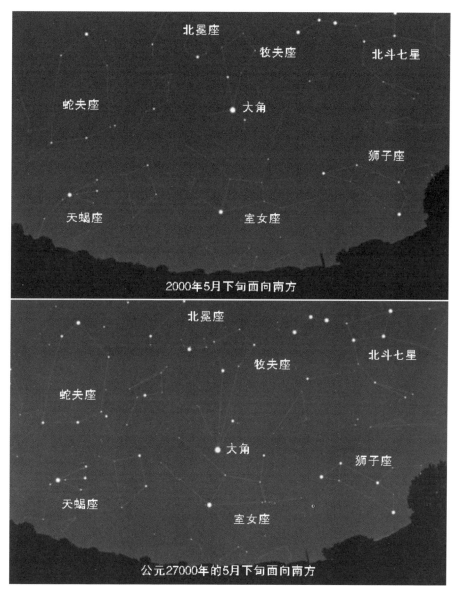

2000年5月下旬面向南方

公元27000年的5月下旬面向南方

▲ 如果被传送到25,000年之后,我们会对星空挠头。因为恒星运动,很多星座已经难以辨认。
（Stellarium星空软件）

利用天文馆式的应用软件，我核对并发现过去的5,000年里——有记载历史的长度——天狼、大角、河鼓二、南河三、南门二这些亮星都移动了足够远的距离，如果一个机敏的观测者能够穿越回公元前3500年，他能轻易察觉到这些变化。一些较暗的、不明显的恒星和很多望远镜发现的恒星也会改变位置，但星座的形状与今日所见区别不大。

让我们踩下加速器，飞速前进到25,000年后的未来。抬头望天，我们会无比震惊。许多星座的形状会是扭曲而拉长的，如同透过鱼缸看到的一样。幸运的是，一些古老的参照物还是能帮助我们找到方向：猎户座、北斗七星和金牛座的形状变化不大，即使发生扭曲，它们看起来仍然很熟悉。从现在开始的100,000年后，除了少数例外，天空会变得完全陌生。因为如此之多的恒星会迁移到新的位置，我们只能从零开始，用新的星座重建天空。猎户座将是少数几个在遥远的未来还保持原有形状的星座之一。尽管可能会有一点拉伸，但猎户腰带仍是可以辨认的。我怀疑这是因为太阳和猎户座中的许多亮星都是围绕银河中心同向运动的。相对于彼此，它们的运动就很缓慢。

随着时间的流逝，所有的星座形象都会没落。亮星会随着远离太阳而慢慢变暗，接近太阳的恒星则会逐渐明亮。如果加速时间之箭，那么原来保持不变的恒星也会像流星一样穿过黑暗。

自从看过基于H.G.威尔斯（H.G. Wells）小说改编的电影《时间机器》（*The Time Machine*）之后我便迷上了时间旅行。历经数年，我终于拥有了属于自己的时间机器。你也可以拥有。去下载免费的虚拟天文馆，将日期调整为过去或未来，然后踏上时间之旅吧！

人们总喜欢说黑洞吞噬物质，但这是它们最不愿意做的事情。如果你想知道什么能吞东西，不如去用用你的吸尘器。它的功能就是抽吸。强力的马达能够将空气和其中的尘土一起吸入，将后者收集起来。黑洞周围的物体如果距离黑洞过近就会掉进它里面，而非被它拉进去。黑洞并不像你壁橱里的那台吵闹的机器那样任性。

黑洞形成于较大质量的恒星——其质量大约超过太阳质量的20倍——耗尽核燃料时。恒星终其一生通过核心原子的聚变产生能量，以与引力相抗衡。核"燃烧"产生的向外的热量和压力抵消了引力的挤压作用。在太阳这样的小质量恒星中，一旦核燃料耗尽，引力会将核心压缩成一颗极小的、极度致密的恒星，称为"白矮星"。环绕在原子周围的电子被挤到相当紧密的位置，从而产生抗拒进一步挤压的压力。

但在大质量恒星中，一旦燃料耗尽，燃烧停止之后，恒星就开始内爆，核心快速收缩。如果核心的质量在3倍太阳质量之上[1]，它就无力抵抗进一步

1　3倍太阳质量的限制又称"奥本海默－沃尔科夫极限"，这个极限和钱德拉塞卡极限都是恒星演化结局的决定性判据。不过值得注意的是，这两个极限的判断标准是恒星在演化末期一系列变化之后的残留质量，而不是原始恒星的质量。——译者注

的坍缩,开始不断地缩小,直到变为数学意义上的无限密度的点,其被称为奇点,由一圈被称为"事件视界"的边界环绕。典型的核心坍缩为黑洞的事件视界直径大约为11英里(约18千米),这些被称为恒星质量黑洞。在黑洞形成的同时,冲击波从核心向外反弹,形成超新星爆发,从而摧毁整个恒星。

当你把这么多物质压缩到一个极小的空间里时,即使是光也会受到引力的阻碍而无法逃逸。事件视界标志着黑洞的"边缘"。在这里,一个物体必须以光速行进才能避免落入黑洞。但是我们知道这是不可能的,如果你把飞船推进到这条边线上,就没有办法逃脱了。在事件视界内,物质和光都是囚徒。

▲　艺术家的这幅想象图展示了超大质量黑洞周围环绕的"物质盘"在落入黑洞时被加热而发光的场面。粒子束和辐射因"物质盘"的强大磁场而聚集,并以近乎光速的速度射出。(欧洲南天天文台 / M.科恩梅塞尔[M.Kornmesser])

并非所有的超新星都会产生黑洞,只有那些质量大的恒星才会。黑洞没有表面,而是以事件视界为边缘的一片空间。如果你停留在事件视界以外,就可以安全地围绕黑洞飞行,但一旦越过它,你终将成为奇点的一部分。根据美国国家航空航天局的哈勃望远镜网站,地球只有在距离黑洞大约10英里(约16千米)的范围内才有落入其中的危险。

黑洞并不挑食。它通常的食物是在太空中飘浮的一切——氢和其他气体、宇宙尘以及偶然间迷失的恒星。不管什么东西掉进去，都会进入奇点。虽然奇点仍是一个数学点，但黑洞吞噬的物质越多，事件视界就越大，黑洞的质量也就越大。一个黑洞每吞下一个太阳质量的物质，其视界就会增加1.9英里（约3千米）。

这就引出了第二种黑洞，即潜伏在许多星系的中心，包括银河系中心的超大质量黑洞。恒星质量黑洞的质量是5到30倍太阳质量，而这些怪物一样的超大质量黑洞的质量是数百万到数十亿倍的太阳质量，其事件视界的大小与太阳系相当。天文学家仍在试图探明超大质量黑洞的起源。坍缩的星团或许多小黑洞并合成一个大黑洞是目前最好的解释。

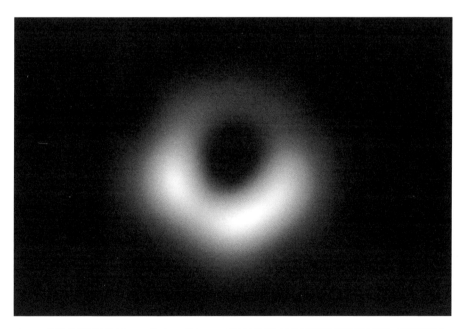

▲　事件视界望远镜（Event Horizon Telescope, EHT）在2019年年初捕捉到有史以来第一张黑洞照片，这张照片显示的是M87星系中的超大质量黑洞。落入黑洞中的气体被加热到高温，形成发光的晕环。这个黑洞的事件视界的直径大约是250亿英里（约400亿千米）。（事件视界望远镜组织［Event Horizon Telecope Collaboration］）

多年以来，天文学家只能通过黑洞对围绕其运转的天体产生的效应来推测黑洞的存在。但时代变了。2017年4月，研究人员把分布在全球各地的8

个射电望远镜组合成一个巨大的、类似于地球尺寸的观测设备，称为"事件视界望远镜"。综合以后，这只"八只眼的动物"可以分辨出比哈勃太空望远镜精细2,000倍的细节。他们将其对准了5,400万光年之外位于室女座的M87星系的中心。2年后，随着5PB（1PB约等于100万GB）的数据的产生，事件视界望远镜团队发布了有史以来第一张图片，拍摄的是M87星系中心的超大质量黑洞。

相对论预测，我们应该会看到一个圆形的、黑色的、空荡荡的轮廓，相对比下，炽热发光的气体沿着事件视界旋转。令人难以置信的是，这正是图片所揭示的！它显示了事件视界的黑色圆形阴影，炽热发光的气体在这地狱般的黑暗周围旋转。

引力——黑洞标志性的属性——将吸积盘的轮廓显露了出来。早些时候，天文学家通过研究星系中心气体云的运动来追踪M87星系的超大质量黑洞。就像地球被引力束缚在太阳周围一样，也总有一些东西使这些云必须保持在轨道上。事实证明，这一物体的质量是太阳的65亿倍，集中在一个直径约240亿英里（约380亿千米）的空间之内，大小相当于太阳系的四分之一。它是完全看不见的，好像空无一物。天哪，要知道这可是一个超大质量黑洞。

天文学家在银河系中心观测到了类似的运动，恒星以不可思议的速度围绕着一个看不见的"虚无"旋转。与M87星系的超大质量黑洞相比，我们银河系的超大质量黑洞是个小不点儿，其质量约为430万倍太阳质量，直径约为9,300万英里（约1.5亿千米），与日地距差不多。只有黑洞才拥有这种力量，而又不被人发现。尽管它的物理尺寸较小，但银河系的黑暗之心比M87星系的距离要近2,000倍，因此它的视直径与M87星系的大怪兽相似。在2017年4月天气很好的同一周里，事件视界望远镜团队还收集了大量关于人马座A*（A*即A星）的数据，其与我们银河系的超大质量黑洞处在同一个观测位置。在我写这本书的时候，他们正在努力制作这张图片，说不定现在已经发布了。

当气体和尘埃落入黑洞时，会以轻微的侧向运动进入，并被卷入围绕黑洞运行的圆盘或旋涡中。越近的物质运行得越快，与运行得越慢的更远的物质摩擦。摩擦将它们加热到几百万摄氏度。如果你将物质加热到很高的温度，它不仅会辐射热，还会辐射光，包括极高能的光，如X射线——牙医在检查你的牙齿时会用到。

天文学家已经探测到许多X射线双星，其中一个黑洞和一颗正常的恒星紧密地围绕着彼此运行。就像前文描述的新星的情景，白矮星从它的伴星那里吸积物质一样，黑洞也吸积气体，气体在到达事件视界的过程中辐射X射线。天文学家使用轨道上的X射线望远镜来研究这些奇异的双星。通过测量恒星绕转的速度，我们可以确定牵引其运转的天体的质量。当它拥有超过几倍太阳质量的质量并且躲在暗处之时，我们就知道我们抓到了另一个黑洞！正是类似的白炽气体揭示了M87星系黑洞的存在。

如果你把太阳压缩成一个直径为3.7英里（约6千米）的球体，就可以把它变成一个黑洞。它的引力会非常强大，甚至连光都逃不掉。如此的话，太阳会熄灭。地球将继续像以前一样围绕新的"暗日"运行。要使月球成为一个黑洞，你需要把它的所有物质压缩到一个罂粟籽大小的球体中。尽管它完全看不见，但仍会像往常一样绕地球运行并造成潮汐涨落。不过很抱歉，那时就没有日食、月食了！

我们所知的任何力都不能使地球、太阳或月球变为黑洞。只有真正的极大质量的天体才能握有堕入引力"黑暗面"的钥匙[1]，并且也不必担心地球很快就会掉进黑洞。最近的A0620-00黑洞，位于麒麟座V616系统中，距离我们约3,300光年。在那里，一颗橙色的恒星围绕着一个质量为6.6倍太阳质量的隐形伴星运转。我们很安全！

1　这里包含了著名太空科幻系列《星球大战》的双关。根据《星球大战》的设定，宇宙中存在一种力量叫作"原力"（The Force），它有"光明面"和"黑暗面"两个相对的属性，简单来说就是正邪两方，如果掌握原力光明面的人投靠了黑暗面，我们会说他"堕入了黑暗面"。文中"黑暗面"一方面指的是《星球大战》中的内容，另一方面指的是黑洞本身就是黑的。——译者注

随着宇宙膨胀，星系会加速互相远离

太空曾是简单的，只是一片静止的虚无，但现在已经不是这样了。爱因斯坦在他前数学老师赫尔曼·闵可夫斯基（Hermann Minkowski）的帮助下，将三维空间与时间结合，得到四维的框架，将其称为"时空"。[1]

我们也曾认为宇宙中任何地方的时间都在以相同的速度流逝。但时间与空间一样，也是可塑的。如爱因斯坦所说，两个物体间的空间的量（距离），以及到达那里所需的时间，会随你的速度变化而变化，尤其是当速度接近光速时。

南门二距离我们4.4光年，或者说约26万亿英里（约42万亿千米）远。即使是光也要花费4.4年才能到达那里。但如果我跳进一艘超高速太空飞船，速度一路飙到光速的90%，仅用2.12年就可以到达南门二。同时，一位在地球上的观测者追踪我的进程，然后汇报说根据他的时钟，我花了4.86年才完成这次旅行。那我是不是超光速了呢？

1　这里所谓的"太空曾是简单的"指的是牛顿经典力学下的宇宙观，而随着闵可夫斯基的时空观以及相对论的建立，宇宙看似复杂，但实际上更加简洁和具有美感。经典力学也被容纳其中，是相对论力学的特殊形式。——译者注

不是！正如我们早前了解到的，物质不能以光速运动。实际上发生的是空间收缩，缩短了到达目标恒星的距离。仔细检查里程表，可以确认我的旅程总计跨越了1.9光年，比常规速度走过的距离减少了一半以上。

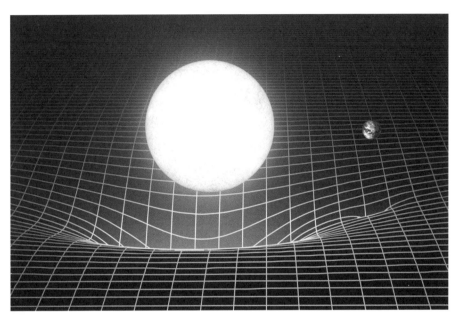

▲　太阳（左侧）和地球的引力弯曲了空间和时间（即时空）的结构，在图中用弯曲的网格显示。下陷的小坑类似于站在蹦床上产生的凹陷。（蒂姆·派尔／加州理工学院－麻省理工学院LIGO实验室）

时间的灵活性凸显了近光速旅行的一个恼人的后果：于我而言经过了2.12年，对于我在地球上的同伴来说时间却过去了4.86年。如果我掉头迅速返回地球，我们再次相遇时他会比我老5.5岁！如果再提高船速到仅比光速慢一点点，我只花10分钟时间就能到达南门二，而我朋友（那时他已经去世了）那里已经过去了100万年。

从接近光速的旅行者视角来看，时间膨胀（减慢）和距离收缩，让旅行的时间和距离根据不同参考系而发生变化——在这个例子中，是地球和快速飞行的太空船之间的区别。这次简单的时空探索能帮助我们更好地理解加速运动的星系。

空间和时间在大约138亿年前诞生于宇宙初始的大爆炸。起初微观宇宙内部的温度以万亿摄氏度为单位。但在最早的3分钟结束时，它已经膨胀并冷却到足以形成氢和氦的地步，这两者是目前组成宇宙的主要元素。在大爆炸后约2.5亿年，这些元素的气体云并合形成了第一代恒星。不久之后，恒星聚集在一起形成星系。

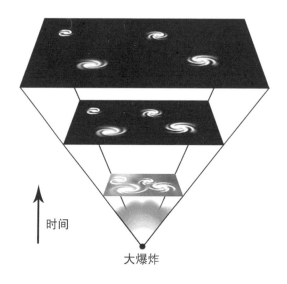

时间

大爆炸

▲   自宇宙起源于大爆炸以来，星系之间的距离一直在增大。这造成了星系之间趋于疏远的表象，而实际上它们只是搭了空间本身膨胀的顺风车。(CC BY-SA 3.0 / 维基百科)

20世纪早期，亚利桑那州洛厄尔天文台（Lowell Observatory）的天文学家维斯托·斯里弗（Vesto Slipher）有大把的时间专注于他的爱好——测量星系的速度。他的数据揭示出仙女星系（那时还是星云）正在靠近我们，而宇宙中大部分星系则在远离我们。20世纪20年代，埃德温·哈勃（Edwin Hubble）综合了斯里弗的数据和他自己的观测结果，发现除临近的"本星系群"以外几乎所有的星系都在远离银河系。并且距离越远，远离速度越快。那是1929年，在经济大萧条开始的同时，哈勃得出了宇宙正在膨胀的惊人结论。

膨胀只在较远的距离下发生，意味着你和我不会发生膨胀（至少没有类似宇宙那样加速相互远离！），地球、太阳系或银河系也不会。局部空间内，引力将天体维系在一起，无论是行星和太阳、太阳和银河系，还是附近的星系之间。

直到我们把目光投向星系团以外，宇宙膨胀才起作用。天文学家通过测量星系相对于地球退行的速度来确定膨胀率。据我们所知，当我们窥视更深的太空时，每向外326万光年，退行速度就增快43mi/s（约70km/s）。因此，一个距地球326万光年的星系将以43mi/s（约70km/s）的速度远离我们。如果距离是这个距离的两倍的星系，它的速度也会加倍，将是140mi/s（约86km/s）。

我总是在说星系就像丢出的飞盘一样奔向深空，但事实上，它们本身根本就没有运动。相反的，星系间的空间像两个人各拉着橡胶板的一端一样在伸展，而星系则只是在"搭顺风车"。虽然用橡胶可以方便地理解空间，但一条生的葡萄干面包的效果更好。

让我们假设面包代表了全部时空，而葡萄干是星系。当面团受烘烤而膨胀时，葡萄干就会彼此远离。假设每一个葡萄干在烘烤过程中与其他葡萄干的距离增加一倍，那么选一个葡萄干——我们叫它"艾德"——在开始时与它的邻居的距离是0.5英寸（约1.3厘米），当面包完全烘烤好，它们之间将分开1英寸（约2.5厘米）。距艾德3英寸（约7.5厘米）的另一个葡萄干将把距离增大到6英寸（约15厘米）。从艾德的角度看，邻近的葡萄干在烘烤过程中移动了0.5英寸（约1.3厘米），而另一个葡萄干在相同的时间间隔内移动了3英寸（约7.5厘米），这使得它看起来比艾德的邻居移动得快。

艾德停下来回想："嗯，我看到所有的葡萄干都在远离我，而且距离越远的移动得越快。"这正是我们在真实宇宙中观察到的，只是那里伸展的是空间，而非面团。艾德的朋友埃德娜位于面包的另一个位置，在烘烤的过程中，一直盯着不同的葡萄干。她注意到了完全相同的事情：其他所有的葡萄干都离她越来越远，而且距离越远的移动得越快。面包中的任何葡萄干遇到的情况都是一样的。随着面团（空间）在它们之间膨胀，星系和星系团都趋于远离。因为宇宙极大可能是无限的，所以这个面包不存在所谓的中心，没有边缘，也没有顶点，所有视角都是等同的。

虽然物质不能以光速或比光速快的速度运动，但空间不受这样的限制。根据先前描述的膨胀率，我们发现距离我们140.2亿光年的星系退行速度快于光速。可见宇宙构成了天文学家所说的"哈勃球"，在这个虚构的球体以外，星系退行的速度都快于光速，因而现在其仍是不可见的。

在宇宙诞生之前，只有概率和可能性的存在。但微观奇点一旦演化成如今的宇宙，空间就一直在伸展膨胀。

星系是由数百万到数十亿颗恒星及绕其轨道运行的行星，以及巨大的气尘云、星团、星云和黑洞组成的巨大集合。星系是宇宙的基本组成结构。当你看向深空，在望远镜中看到的无非就是星系。许多星系聚集成巨大的星系团，数千个成员在引力的作用下，与暗物质结合，聚拢在一起。另一些则是孤立的，或者是小星系团的成员，像我们的银河系，就是本星系群的一个成员，本星系群有50多个星系，其分布在大约1,000万光年的空间里。

空间很广阔，但也不至于大到星系之间连偶尔碰撞，或接近彼此从而被相互作用的引力扭曲形状的机会都没有。最近哈勃太空望远镜和计算机模拟对星系进行的分析表明，5%到25%的星系在相互碰撞后会并合在一起。大星系与其他大星系约每90亿年发生一次并合，而小星系与大星系的并合发生得更频繁。

星系中有些小鱼小虾，被称为"矮星系"，是最常见的，也被认为是并合起来建造银河系和仙女星系这些更大的星系的原材料。其中一些的直径只有350光年，而我们的银河系的直径约为10万光年。在富饶的星系团中，星系并合最为常见，其中较大的星系"吞噬"较小的星系，从而成长为庞然大物。后发星系团是组成最丰富的星系团之一，至少包含1,000名成员。它位于距离地球3.22亿光年的地方，以所在的星座后发座命名。

▲   NGC1300，一个漂亮的棒旋星系，位于波江座，直径约110,000光年，或者说大约与银河系的大小相当。
（美国国家航空航天局，欧洲航天局，哈勃遗产团队［太空望远镜研究所/大学天文研究联合组织］）

　　星系并合是如此普遍，你可能会想：当并合星系中的恒星相互撞击时，会释放大量的宇宙烟火。烟火确实会产生，但不是因为恒星的碰撞。在银河系中，恒星之间的平均距离约为5光年，即30万亿英里（约48万亿千米），略大于太阳与南门二之间的距离。想象一下，每颗恒星都位于一个直径为5光年的空洞球体正中。那是很大的空间了。恒星尺寸各异，但即使是直径约为20亿英里（约32亿公里）的最大恒星，也只占这个巨大球体的极小部分。从本质上说，恒星是分散在大量几乎是虚无空间中的微小的点。我的朋友迈克尔（Michael）曾经反思过人类在浩瀚太空中的存在，并很好地总结道："相比苍穹，我们几乎不存在。"

▲ 在这张 Arp194 星系团的照片中,两个星系(左侧)正处于并合成一个星系的进程中。在混乱的旋臂中,我们仍然可以辨认出它们明亮的中心。第三个小得多的星系盘旋在这对星系上方,而第四个星系出现在右侧。碰撞中诞生的数百万颗新生恒星在其尾流中形成了一条明亮的星团流。(哈勃空间望远镜 CC BY 2.0,欧洲航天局,美国国家航空航天局,由朱迪•施密特[Judy Schmidt]处理)

当两个星系并合成一个星系时,恒星之间仍有太多的空间,所以很少发生碰撞。为了让令人兴奋的事情发生,你需要一些比恒星更大的东西。星系就手握这一门票——由氢(宇宙中最常见的元素)、尘埃、一氧化碳和多种其他分子组成的巨分子云。分子云依靠自引力聚集在一起,直径在30到300光年之间,其含有质量是10,000到6,000,000倍太阳质量的物质。

在引力的作用下,分子云中较密集的区域会自行坍缩,从而产生新的恒星和星团,但星系的碰撞会加速这一过程。分子云受到撞击和压缩,制造出一波波恒星形成的浪潮。每一个地点看起来都像一个粉红色的爆竹,星系碰撞确实是在加速它们。

　　你可能已经在新闻中听闻即将发生的碰撞会对我们自己的星系造成巨大影响。对本星系群中星系运动的仔细研究表明,仙女星系和银河系在彼此引力的作用下,正以250,000mi/h(约400,000km/h)的速度在相撞路径上飞奔。以这样的速度,你可以在1个小时内到达月球!它们仍相距250万光年,所以距离相撞还有一段时间。来自欧洲盖亚任务的最新数据表明,仙女星系将在45亿年后侧击我们的银河系。经过漫长而复杂的引力"舞蹈",这两个星系将并合,并触发大量新恒星形成的浪潮。如果那时地球仍然存在——不过这是个问题,因为那时正在膨胀的太阳可能已经吞没了地球——我们的后代将看到什么样的景象。在新的巨型星系形成的整个过程中,极有可能没有恒星受到损害。

星光是最好的时间机器。恒星之间的距离是如此遥远，以至于它们的光需要数年才能到达对方。以186,000mi/s（约300,000km/s）的速度飞行，即使是阳光也需要8.3分钟才能穿过9,300万英里（约1.5亿千米）到达你的窗户。我们看到的太阳从来不是此时此刻的，而是8.3分钟前的。当木星和地球最接近时，相隔的光程也有33分钟。

　　如果星光需要数年才能到达我们的眼睛，那么星系的光需要数百万年。仙女星系位于250万光年之外，是距离银河系最近的大星系。它的光真的很古老。如果你有机会看到它，那么那天晚上打在你视网膜上的光250万年前就已离开了仙女星系。按照人类的标准来说，这是相当长的时间了，有些人怀疑星系——或遥远的恒星——是否仍然存在于那个位置，或者它们是否已经不复存在了。

　　我很高兴地向大家报告，每一颗可见的恒星和星系仍旧存在的概率是非常大的！对我们来说是很难实现的事情，但对于像恒星和星系这样长期存在的实体来说只是小菜一碟。仙女座大约有100亿年的年龄，银河系则有135亿年。即使它们在45亿年后相撞，并合为一个星系，在未来的数百亿年里，它们仍将继续与年老的和新生的恒星一同闪烁。

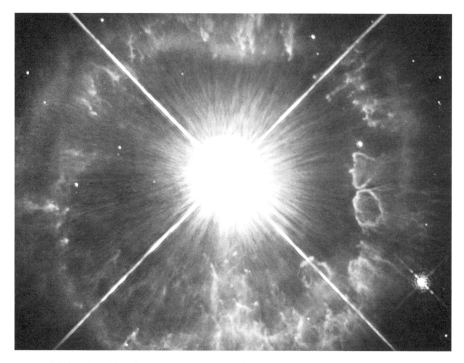

▲   这颗耀眼夺目的恒星船底座AG在20,000光年外的银河系中发光。它被辨认为一颗高光度蓝变星（Luminous Blue Variable,LBV）。这种罕见的巨星正在经历类似超新星一般的猛烈爆发。（欧洲航天局/哈勃空间望远镜，美国国家航空航天局）

"死亡"星系的一个定义是，已经耗尽了形成新恒星的尘埃的星系。但即使是那些被称为"椭圆星系"的星系，也只是"近乎死亡"（借用电影《公主新娘》[*The Princess Bride*]中的台词）。它们没有旋臂，也没有形成新恒星所必需的尘埃和气体，但它们之中仍然挤满了恒星。如果对"死亡"更好的定义需要考虑一个星系中的所有恒星燃烧殆尽需要的时间，无论是通过超新星爆发，还是通过一种较弱的形式，就像缓慢冷却的红矮星和白矮星，那么这个时间是万亿年。

仙女星系形成于大约100亿年前，还将继续存在数十亿年，即使在遥远的将来它在与银河系并合之后改变了形态。虽然仙女星系的面貌在它的光跨越千山万水于今夜到达我们的眼睛之前，毋庸置疑地发生了改变，但250万年仅仅是它当前年龄的0.00025%。这只不过是一桶水中的一滴罢了。如果我们能瞬间把自己传送到那里，它的样子就会和我们今晚从地球上看到的几乎一样。

肉眼可见的恒星比遥远的星系近得多。有没有恒星在它们的光到达我们的眼睛的过程中发生了显著的变化呢？恒星寿命各异。最庞大的恒星像一辆耗油的豪华SUV一样迅速燃烧燃料，在短短几百万年内以超新星爆发的形式熄灭。在食物链的另一端，红矮星非常节俭地燃烧燃料，最小的红矮星也将闪烁长达10万亿年，这个时间远远超过当前的宇宙年龄。

所以让我们重新表述一下这个问题。有没有一颗超巨星至少在几百万光年之外的地方，它的距离足以确定它已经在超新星爆发中消失了，直到今天还能被看到？当然，没有人能用肉眼看到。在没有光学仪器辅助的情况下，能看到的最远的恒星都在1万光年以内——我们没有足够多的回溯时间来确定它们是否已经消失。即使是银河系中最遥远的恒星也距离太阳不到1万光年。还是太近了！我们需要在银河系之外寻找我们的"活死人"恒星。

高光度蓝变星是一种可能。在其他星系中，这些大质量蓝色恒星经历了猛烈的爆发，偶尔变得足够明亮，人们透过业余望远镜可以看到其闪烁着微弱的光。因为它们最终会在几百万年内爆发为超新星，所以毫无疑问，总有一些仍然闪耀的高光度蓝变星早已消逝。

另一个可能是海山二（船底座η，一颗在南半球肉眼可见的高光度蓝变星）。它也有可能已经爆炸，离开了宇宙，但因为它距离我们只有7,500光年，所以有可能还在那里。另一个可能性较大的是人马座V4650（也是一颗高光度蓝变星），它距离我们26,000光年。超新星候选星参宿四和心宿二也很有可能爆发，而且可能已经爆发了，但是它们离我们太近了，所以也有可能还在发光。

如你所知，你几乎不可能指出一颗现在在天空中的恒星，就确定它已然不在了。与我们在地球上所处的短暂时间相比，恒星的寿命太长了。但正如任何一个明星（恒星）会告诉你的，重要的不是你能活多久，而是散发出了多少光芒。

鸣谢

我要感谢我的妻子琳达（Linda），她帮助我创建了我的第一间办公室，我可以在那里写作，而不用霸占厨房，厨房是我以前的工作场所。同时，我也要感谢她提出的改善生活的实用建议，以及她充满爱的手工被子。

虽然我的母亲洛兰（Lorraine）最近去世了，但我仍然能感受到她的爱和善良，并在内心听从她的指导，成为一个好人。我必须感谢我的父亲比尔（Bill），为了培养我的怀疑精神，他对每件事都持批评态度。我希望其中好的方面能磨砺我，帮助我提高思维能力，发展科学看待事物的观念。

我要感谢《德卢斯新闻论坛报》（*Duluth News Tribune*）的平面艺术家加里·米德，他对这本书做出了卓越而及时的贡献，也感谢我在报纸行业的所有前同事，感谢他们的鼓励、智慧和对事实的不懈追求，以及他们与世界分享的精彩故事和照片。

我还要感谢：我的女儿凯瑟琳（Katherine）和玛丽亚（Maria）对我的爱；我的兄弟迈克（Mike）和丹（Dan）的幽默和坚定的支持；萨莉·金（Sally King）的友谊和慷慨的精神；瑞安·金（Ryan King）的音乐天赋；诺瓦·金（Nova King）的激情；我的朋友瑞克·克拉维特（Rick Klawitter）的摄影作品和深入的讨论；菲尔·普莱（Phil Plait，又名坏蛋天文学家）帮助我理解潮汐；瓦莱丽·布莱恩（Valerie Blaine）与我的友谊和对自然共同的热爱；山姆·库克（Sam Cook）的友谊和伟大的写作；罗伊·黑格（Roy Hager）；格伦·朗霍斯特（Glenn Langhorst）；《天空与望远镜》（*Sky & Telescope*）杂志的工作人员；弗雷泽·凯恩（Fraser Cain）——"今日宇宙"（Universe Today）网站的创始人；已故的卡尔·萨根（Carl Sagan）——他仍是一支照亮黑暗的蜡烛；以及作者南希·阿特金森（Nancy Atkinson）的友谊和支持。

最后，我要感谢我的编辑玛丽莎·詹贝卢卡（Marissa Giambelluca）、梅格·巴斯基斯（Meg Baskis）和佩奇街出版公司（Page Street Publishing）的所有优秀人员，感谢他们的帮助、支持和专业知识，使这本书得以付梓。

关于作者

鲍勃·金（Bob King）热爱夜空，自10岁起便一直在仰望天空。他出生于芝加哥，在附近的莫顿格罗夫长大。12岁时，他用赚来的钱买了一台直径为6英寸（约15厘米）的反射望远镜，每当晴夜时就在他家后院研究天空。

金毕业于伊利诺伊大学香槟分校（University of Illinois at Urbana-Champaign），获得德语学位。1979年，他搬到明尼苏达州的德卢斯，在《德卢斯新闻论坛报》（*Duluth News Tribune*）担任摄影师和照片编辑，直到2018年退休。他教授社区天文学教育课程，多次发表演讲，并撰写了关于夜空中发生的事情的Astro Bob博客（astrobob.areavoices.com）。他还为《天空与望远镜》和"今日宇宙"网站撰稿。

金是《裸眼观星》（*Night Sky with the Naked Eye*，佩奇街出版公司，2016年）和《临死前必看的夜空奇观》（*Night Sky You Must See before You Die*，佩奇街出版公司，2018年）的作者。金已经结婚且养育的两个女儿已经成年。他经常为了星空牺牲睡眠，现在退休了，可以多睡一会儿了。